¡A CEREBRAR!

Un viaje por tus emociones
a través de la neurociencia

¡A CEREBRAR!

RAQUEL
MASCARAQUE

AGUILAR

Papel certificado por el Forest Stewardship Council®

MIXTO
Papel | Apoyando la
silvicultura responsable
FSC
www.fsc.org   FSC® C117695

Penguin
Random House
Grupo Editorial

Primera edición: febrero de 2024

© 2024, Raquel Gómez-Mascaraque Rico
© 2024, Penguin Random House Grupo Editorial, S. A. U.
Travessera de Gràcia, 47-49. 08021 Barcelona

Ilustraciones de interior de Isa Muguruza
Infografías de interior de Sofía Sánchez

Printed in Spain – Impreso en España

ISBN: 978-84-03-52416-3
Depósito legal: B-21366-2023

Compuesto en Mirakel Studio, S. L. U.

Impreso en Gómez Aparicio, S. L.
Casarrubuelos (Madrid)

AG 2 4 1 6 3

Gracias al miedo por caminar a mi lado sin bloquearme el paso, a la tristeza por dejar que me abra en canal mientras me protege y al amor y la alegría por tener familia y amistades tan increíbles para celebrar y cerebrar la vida.

ÍNDICE

EL CEREBRO.
NUESTRO UNIVERSO MÁS CERCANO

¿Alguna vez has perdido las llaves, las has buscado por toda la casa y al final resulta que las tenías en la mano? Pues algo parecido nos ha pasado a los seres humanos con el cerebro. Hemos ido a buscar vida a Marte, pero realmente tenemos el universo más cercano y desconocido dentro de nuestro cráneo y solo lo llevamos estudiando —en vivo y en movimiento— doscientos años. ¿Sabéis lo que son doscientos años en la historia de la humanidad? Efectivamente, un pedo de neandertal. Pero déjame decirte que, aunque parezca poco, en este tiempo hemos descubierto que tiene cualidades y capacidades increíbles.

¿POR QUÉ TENEMOS CEREBRO?

Si nos preguntamos por qué tenemos cerebro, la respuesta más obvia podría ser: para pensar. Tendemos a suponer que nuestros cerebros son más grandes porque tenemos que guardar más ideas dentro. La capacidad de pensar, de alguna manera, es el superpoder del ser humano y nos hace distintos al resto de los animales, ¿no? Pues no. La verdad es un poco menos glamurosa: nuestro cerebro no evolucionó para que tú ganes un Goya o un premio Eficacia. Evolucionó, sencillamente, para sobrevivir.

Y es que, cuando en la prehistoria nuestros antepasados empezaron a cazar, de alguna manera lo cambiaron todo. Como describe la psicóloga Lisa Feldman en su libro *Siete lecciones y media del cerebro*, «una criatura pudo percibir a otra y se la zampó. Y no es que los animales no se comiesen antes, es que la caza implica la premeditación, y ahí es donde está la clave».

Ir dando un paseo por la selva encontrarte con un animal y comértelo porque eres más fuerte no requiere de cerebro, requiere de músculo. Pero la premeditación que implica la caza hace necesario planificar una estrategia, organizar la información, entender al contrario. Ahí está la diferencia y la pertinencia de un cerebro que te ayude a gestionarlo todo.

Y ya te puedes imaginar que cuando los animales comenzaron a premeditar su forma de cazar, la jungla de repente se convirtió en un lugar mucho más competitivo y peligroso. O evolucionabas y aprendías a percibir y entender bien tu entorno o eras carne de cañón, como suele decirse. Y esa evolución no solo consistió en mirar con los ojos muy abiertos a tu alrededor y correr mucho, sino en aprender a moverse de forma eficaz.

Por ejemplo, imagina que eres un lince y estás persiguiendo a una presa. Si no mides bien la distancia, otro depredador puede adelantarse y comérsela. Hoy no cenas. Si, por el contrario, tienes miedo de ser tú la presa de otro animal y te pasas todo el día huyendo de una amenaza inexistente, cuando realmente necesites los recursos para escapar de una amenaza real o para cazar, puede que ya los hayas gastado y te conviertas, esta vez sí, en la cena de alguien. Vamos, que tampoco cenas. Por eso, podemos decir que ser eficaz energéticamente fue clave para la supervivencia.

La psicóloga Lisa Feldman compara la capacidad de administrar un cerebro con la de administrar un presupuesto. Y es una metáfora bastante clara de cómo funciona todo. Por ejemplo, piensa que tienes cien monedas —o barritas de energía para el cerebro— y debes valorar la manera más eficaz de gastarlas para no desperdiciar nada de nada y poder pagar el alquiler, la comida, la luz, la wifi, el gas, la comida de la gata o del perro, el seguro del coche, el coche... y un sinfín de cosas que te hacen estar en movimiento continuo. ¿Cuál sería la mejor manera de ajustar bien un presupuesto? Cualquier persona experta en ahorros te diría que consiste en adelantarse a pequeñas sorpresitas que podamos tener, ¿no? Como operar de urgencia a tu perro porque se ha tragado un calcetín.

Con el cuerpo pasa un poco lo mismo. La predicción gana a la reacción. Saber exactamente cuándo tienes que correr antes de que el depredador vaya a por ti y no estar huyendo todo el rato te puede dar muchas más posibilidades de sobrevivir. Científicamente, esa capacidad de predecir y prepararse automáticamente para cubrir y satisfacer las necesidades del cuerpo antes de que estas ocurran se denomina *alostasis*.

Pero, volvamos a la actualidad. A este cerebro desarrollado y tan maravilloso que tenemos dentro.

¿CUÁLES SON SUS FUNCIONES BÁSICAS EN EL DÍA A DÍA?

El cerebro supervisa de manera eficiente más de 600 músculos en movimiento, equilibra docenas de hormonas distintas, bombea sangre a un ritmo de 7.600 litros diarios, regula la energía de miles de millones de células, digiere alimentos y hace que se evacúen los desechos, combate enfermedades... y todo ello de manera ininterrumpida durante aproximadamente ¿90 años?

LISA FELDMAN

Si tuviéramos que medir todas estas tareas que enumera Feldman, en presupuesto corporal sería como llevar miles de cuentas financieras en una gigantesca corporación multinacional. Y todo esto lo hace tu cerebro de 1,4 kilos y consume solo el 20 % de la energía corporal.

Entonces, si volvemos a la pregunta «¿por qué evolucionó el cerebro hasta convertirse en uno como el nuestro?», realmente no hay una causa contundente ni única, pero lo que sí sabemos es que la función más importante del cerebro no es la racionalidad ni la emoción ni la imaginación o creatividad, ni siquiera la empatía, sino gestionar nuestro cuerpo y predecir nuestras necesidades energéticas para poder así sobrevivir. Vamos, que su responsabilidad esencial es la de que ahorremos energía.

¿ES CIERTO QUE USAMOS SOLO EL 10 % DE NUESTRO CEREBRO?

Dime que no sería increíble pensar que aún podemos llegar a desarrollar en un 90 % nuestras habilidades y tener superpoderes tipo los de las pelis de *Matrix* o *Lucy*.

Entonces ¿es verdad? A ver, es verdad que podría parecer que algunas personas solo utilizan el 10 % de su capacidad cerebral, ¡eso sí te lo compro! Pero siempre que hablamos del cerebro nada es tan sencillo ni tan tajante como nos gustaría. Para empezar, el cerebro no funciona por bloques (no puedes encender la vista, apagar el gusto, encender el recuerdo de cuando mi prima me tiró por una cuesta con una bici sin frenos para recordárselo cada Navidad o apagar el dolor...), sino que funciona mediante conexiones entre las neuronas que lo componen.

Para que te hagas una idea: imagínate que te levantas por la mañana y te vas a tomar un café. Parece simple, ¿no? Vas a la cocina, coges el vaso, preparas la cafetera, echas el café en el vaso y le pones leche o bebida vegetal. Pues en esa tarea tan rutinaria que seguramente hagas todos los días sin darte cuenta, ya han participado, entre otras áreas, el lóbulo occipital (para controlar la vista), el lóbulo parietal, que integra la entrada de los sentidos, las cortezas sensorial y motora para procesar la información táctil y las funciones motoras voluntarias, los ganglios basales para iniciar e integrar el movimiento, el cerebelo para manejar el equilibrio y los lóbulos frontales como directores ejecutivos del cerebro. Una tormenta eléctrica de actividad neuronal ha ocurrido en el lapso de unos segundos dentro de tu cabeza, y tú todavía sigues teniendo las legañas pegadas al ojo.

¿Me explico? Lo que quiero decir es que el cerebro funciona con impulsos eléctricos que conectan las neuronas entre sí y permanece ocupado incluso cuando pensamos que no estamos haciendo nada. ¿Cómo piensas sino que respiras o te late el corazón? Aunque sean procesos inconscientes, nuestro cerebro sigue trabajando discretamente día y noche para que sean posibles.

Tenemos gran variedad de neuronas en el cerebro (aproximadamente cien mil millones).

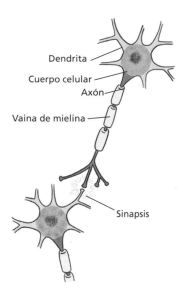

La mayoría tienen una especie de ramas en la parte superior que se llaman dendritas y una estructura parecida a una colita en la parte inferior llamada axón. Cada axón de una neurona está conectado con las dendritas de otra, y así es como van formando estas conexiones llamadas sinapsis y se genera la magia. El axón envía una señal eléctrica liberando neurotransmisores (serotonina, dopamina, glutamato...) y las dendritas de la otra neurona lo recogen. Estos neurotransmisores inhiben o excitan a la otra neurona cambiando su activación. Una sola neurona puede influir en miles de neuronas, y miles de neuronas pueden influir en una sola, todo a la vez.

El neurocientífico Sebastian Seung denomina a la neurona de forma cómica como *célula poliamorosa*, ya que «desde su redondo cuerpo o soma extiende un abundante conjunto de ramificaciones con las que abraza a otros miles de neuronas».

Volviendo al mito del 10 %, como ya te imaginarás, este es un porcentaje muy específico para el complejo funcionamiento del cerebro, así que no es real. Eso sí, creo que podemos tomarlo como una especie de metáfora sobre lo poco que sabemos del cerebro. Sin embargo, no pierdas la esperanza, porque tu cerebro no es un músculo, pero funciona como tal en el sentido de que, si lo entrenas, puedes desarrollar habilidades que ni te imaginas. Además, cada persona vive y tiene experiencias diferentes, y esto hace que cada cerebro sea único, debido a la sinaptogénesis, que es la capacidad que tenemos de adaptarnos a nuevos desafíos creando conexiones entre neuronas.

--------- ◯ CEREDATO ◯ ---------

Retomemos ese cafecito que nos bebemos cada mañana, ¿no te pasa que antes te bebías uno y tenías la energía de un niño que se ha comido una bolsa entera de chuches y que, a medida que pasa el tiempo, ahora necesitas un par para saber quién eres por las mañanas? Cuando te acostumbras a beber café tienes que cargarlo cada vez más o beber mayor cantidad para que te haga el mismo efecto. Vamos, que, de alguna manera, podemos decir que generamos cierta tolerancia.

Esto pasa porque la cafeína se une a los receptores de la adenosina, que es una molécula que tenemos en el cerebro y que es la encargada de mandarnos a dormir. La adenosina se va acumulando en el cerebro a lo largo del día y nos dice cuándo es hora de irse a la cama, pero la cafeína que tomamos bloquea la adenosina, y por eso cuando te tomas un café no sientes esa sensación de cansancio.

Pero, claro, el cerebro no es tonto y sabe que necesitamos dormir para estar sanos, así que, cuando ve que la adenosina está siendo bloqueada un día tras otro, crea más receptores de adenosina. Y por eso cada vez tenemos que beber más cantidad de café para bloquear esos nuevos receptores.

TU CEREBRO EN CONTINUO CAMBIO

Como he comentado antes, el verdadero superpoder del cerebro es el de adaptarse a nuevos desafíos mediante la sinaptogénesis, es decir, mediante las nuevas conexiones neuronales.

Hay un famoso estudio que se hizo a más de dos mil taxistas de Londres antes y después de presentarse al examen para obtener su licencia. Tenían que estudiarse las más de mil calles de la ciudad para aprobar, y, como te podrás imaginar, efectivamente, algo cambió en sus cerebros cuando lo hicieron. Su hipocampo, el área del cerebro encargada, entre otras cosas, de almacenar y recuperar los recuerdos, se hizo más grande porque necesitaba adaptarse a nuevos desafíos, en este caso a esa tarea ingente de conocer cada calle de la ciudad. Es de película, ¿verdad?

Otro buen ejemplo es lo que sucede en el cerebro de los músicos, que también es alucinante. Tocar un instrumento involucra a casi todas las áreas del cerebro a la vez, y eso hace que todos tengan un mayor volumen y capacidad del cuerpo calloso. ¿El cuerpo qué? Te cuento: imagina que tu cerebro está dividido en dos ciudades: Hemisferio Izquierdo y Hemisferio Derecho. Los habitantes de Hemisferio Izquierdo hablan y escriben muchísimo, tienen una habilidad científica y numérica brutal y más dominio de la mano derecha que el mejor jugador de pádel. Y los habitantes de Hemisferio Derecho tienen muchísima intuición e imaginación, tienen una percepción tridimensional increíble y dominan con arte y salero la mano izquierda. Bueno, pues el cuerpo calloso es como el puente que une ambas ciudades. Vamos, como si construyeran una autovía en un pueblo de Galicia y ya no tuvieras que ir a 30 km por hora por una carretera de curvas, sino que de repente fueras en línea recta a toda velocidad. Tu vida mejora mucho. El cuerpo calloso permite que la información vaya más rápido por todo el cerebro a través de tus hemisferios, así que los músicos tienen esa gran ventaja.

Pero ya que hablamos del tema de los hemisferios, aprovecho y aclaro otro mito bastante extendido acerca del cerebro. No usamos solo un hemisferio, como si fuésemos de ciencias o de letras. Nuestro cerebro funciona de forma bihemisférica, es decir, utiliza ambos, y, aunque para entender su funcionamiento mejor sea más sencillo dividirlo y hablar de él en bloques, como hemos hecho antes, su gran éxito reside en las conexiones neuronales y en la capacidad que tienen todas esas partes de comunicarse y trabajar juntas.

Este descubrimiento de la interrelación de las partes del cerebro lo cambió todo. Antes creíamos que nuestra capacidad de aprendizaje era como una barra de carga que se iba llenando, pero, al descubrir la neuroplasticidad cerebral, sabemos que, con las conexiones neuronales, nuestras posibilidades de aprendizaje son prácticamente ilimitadas. Y ya como guinda del pastel te diré que el cerebro no solo tiene la capacidad de crear nuevas redes neuronales, sino de reorganizar sus rutas neuronales ya existentes. Para que lo entendamos, Marta Romo, en su libro *Entrena tu cerebro*, lo explica con un ejemplo que a mí me parece muy claro: «Estas redes neuronales son como surcos que hace la rueda de un coche, cuantas más veces pasas por el mismo sitio, más hondo se hace ese surco. Estos surcos los podemos asemejar a las creencias, y lo que hace que estas creencias sean duraderas es la mielina, que es un aislador neuronal para que los impulsos eléctricos vayan más rápido». Por tanto, cuando tenemos redes neuronales o rutas neuronales muy marcadas, con surcos profundos, tenemos una gran ventaja, y es que esas creencias o hábitos están muy arraigados en nosotros, y por tanto pondremos todo nuestro ahínco en potenciarlos y mantenerlos. Aunque esto también puede ser un hándicap porque, si esos hábitos o creencias son malos o erróneos, nos costará mucho cambiarlos.

Einstein decía que es más fácil romper un átomo que una creencia. Las creencias son muy difíciles de romper, pero eso no implica que sea imposible.

SESGOS Y HEURÍSTICAS: LOS ERRORES MÁS COMUNES DEL CEREBRO

Como ya sabes, el principal objetivo de tu cerebro es el de ahorrar energía de forma eficiente, y tomar decisiones es algo muy complicado, así que el cerebro inventó una manera de ser más eficaz en este trabajo tan duro. El neurocientífico Antonio Damasio acuñó un término para este funcionamiento *low cost* de nuestro cerebro: *marcadores somáticos.* Estos son atajos para ahorrar energía basados en nuestras experiencias previas. Todo lo que vivimos hace que almacenemos en nuestra memoria una serie de sensaciones y emociones que son agradables o desagradables cuando pensamos en ellas. La relación entre el estímulo o el recuerdo de esa experiencia y la emoción que asociamos a ello es el marcador somático.

Por ejemplo, si un día de invierno un niño pequeño toca un radiador caliente y se quema, probablemente nunca más lo haga, o, al menos, no tan a la ligera. El cerebro aprende que la experiencia de tocar un radiador caliente le hace daño y la próxima vez no caerá en la trampa y decidirá automáticamente no hacerlo. Y así ahorra energía.

Pero, como ya te imaginarás, es un plan con alguna fisura que otra porque, de tanto querer ahorrar energía, tu cerebro a veces se equivoca, toma demasiados atajos y esto puede llevarnos a cometer errores.

Cuando los marcadores somáticos nos son realmente útiles se convierten en heurísticas (atajos para ahorrar energía) y cuando nos llevan a cometer errores sistemáticos los llamamos sesgos. A continuación, te voy a presentar algunos de los más populares y estudiados:

- **Sesgo de representatividad:** es la tendencia que tiene nuestro cerebro a dar más probabilidades a lo que es más representativo en nuestra mente. Por ejemplo, si yo te digo que ayer estuve visitando un monumento de París, ¿qué piensas? Lo más probable es que hayas pensado en la torre Eiffel porque es un símbolo muy representativo de Francia y cuando pensamos en Francia siempre pensamos en ella. Pero hay otros muchos, como Moulin Rouge, Montmartre o el Arco del Triunfo en los que no pensaríamos tan rápido.

  Martin Schleicher, profesor de la IAE Business School, ponía otro ejemplo muy interesante: si yo te digo que Pablo es una persona introvertida, poco sociable, muy ordenado y detallista. ¿Dirías que es granjero, piloto o bibliotecario? La mayoría de la gente pensará que es bibliotecario por las características que te he enumerado (un prejuicio en toda regla creado por la industria del cine), pero lo cierto es que hay muchísimos más granjeros que bibliotecarios, así que por estadística sería más probable que fuese granjero. ¿Entiendes por dónde van los tiros?

- **Sesgo de disponibilidad:** se da cuando creemos que es más probable un evento o información que nos sea fácil recordar o esté más disponible en nuestro cerebro. La lógica de tu cerebro es que si lo recordamos es porque debe ser importante, ¿no? Los medios de comunicación tienen mucho que ver en la heurística de disponibilidad, ya que cuando repiten algo mucho por la tele creemos que es más probable que suceda, puesto que se queda grabado en nuestra mente. Si hay un accidente de avión, sale en las noticias durante varios días, y si justo vas a coger un vuelo puede que se te pase por la cabeza la idea de cancelarlo por miedo a volar. Pero, realmente, hay muchísimos más accidentes de coche y no por ello dejamos de ir a trabajar en coche todas las mañanas. Lo que sucede es que no tenemos disponibilidad de ejemplos porque no salen en las noticias con tanta frecuencia e insistencia.

- Sesgo de anclaje: es el precio que fija nuestro cerebro desde el principio cuando hacemos una negociación de cualquier cosa. Son los mínimos y máximos con los que negocias. En Marruecos lo vemos a menudo con el comúnmente conocido *regateo*. Si te dicen que un collar vale cincuenta euros, no se te ocurre decirle *te doy cinco,* porque la diferencia entre ambos precios sería muy grande, sino que negociarías en un marco más cercano, de diez o veinte euros menos. Ten en cuenta este sesgo cuando vayas a pedir un aumento de sueldo para que no te anclen en una cifra más baja. Si puedes marcar tú la cantidad, mejor que sea más alta de lo que esperas.

Otro ejemplo de Martin Schleicher para el efecto ancla: si te preguntan si sabes si el agua hierve a una temperatura mayor o menor de diez grados en la cumbre del Everest, ¿a cuántos grados pensarías que hierve? No tienes por qué saber la respuesta, simplemente di el primer número que se te venga a la cabeza. La respuesta correcta es a unos setenta grados, pero la mayoría de las veces tu cerebro suele pensar en un número que está cerca de los límites que le has marcado y posiblemente se ha equivocado por ahorrar energía. Sin embargo, si la pregunta hubiese sido si hierve a más o menos de doscientos grados, la respuesta seguro que hubiese sido también diferente. Así razonamos la mayoría de los seres humanos. Y llevando esto al mundo del marketing, esta heurística funciona también mucho en las rebajas. Si ves una camiseta que estaba a setenta y dos euros y la han bajado a treinta y dos, piensas: *buahhh qué maravilla, qué ofertón, no puedo dejar pasar esta oportunidad, COMPRO.*

- **Sesgo efecto sopa de rana:** es un nombre basado en algo cruel que, por favor, pido que nadie experimente en su casa. Dicho esto, imagina que metes una rana en una olla hirviendo. La rana saltaría de la olla inmediatamente. Pero si la metes en agua templada y luego la pones a hervir lentamente, la rana se quedaría ahí, tan a gusto, y cuando el agua empiece a estar muy caliente la rana ya no tendría escapatoria porque sus músculos están demasiado contraídos para saltar, y ¿qué pasa? Efectivamente, todo acaba en una sopa de rana. Pues esto nos pasa también a los humanos con la vida. Cuando te vas a comprar una casa y te dicen doscientos cincuenta mil euros en un solo pago, saltas inmediatamente y dices que no en la mayoría de los casos. Pero si te dicen que puedes *pagar en cómodos plazos* durante el resto de tu vida, es otra cosa. El ser humano no suele aceptar bien los cambios bruscos, así que nuestro cerebro prefiere los que le permiten adaptarse poco a poco.

- **Efecto halo:** es la tendencia que tenemos los seres humanos a generalizar a partir de un solo atributo. Por ejemplo, entras en un trabajo nuevo, vas a la cocina a hacerte un café y te cruzas con un compañero que te sonríe. Tu cerebro va a creer que esa persona es más amable y te ayudará con más ganas que otra persona que no te haya sonreído. Y puede que esa persona sea la mayor arpía de la empresa, pero le acaban de subir el sueldo y está contento. Tendemos a crear nuestra opinión de alguien o algo en función de la primera impresión que te haya causado.

De hecho, cuando vemos a alguien guapo, exitoso y amable, no podemos evitar pensar que esa persona es buena, porque generalmente las personas atractivas se perciben como más inteligentes, con más habilidades sociales, más altruistas, con mejor salud física y mental... De hecho, el efecto halo puede nublar tanto nuestro juicio que incluso puedes llegar a justificar un acto atroz como el de un delito si la persona es guapa, pensando que quizá esa persona se vio en la obligación, no tuvo otra opción... Algo que nos costaría mucho más pensar de una persona con un aspecto de delincuente al uso.

El abogado Rod Hollier hizo veintisiete estudios sobre el sesgo del atractivo físico en el sistema legal y afirma que «los efectos del atractivo físico en los jueces fueron tan influyentes que multaron a los delincuentes poco atractivos un 304,88 % más que a los delincuentes atractivos». Todos fueron condenados, pero los más guapos tuvieron mejores sentencias.

Por último, otro estudio muy curioso de la universidad de Singapur dice que las personas altamente atractivas cobran un 20 % más y son más recomendadas para promocionar. ¡Es muy fuerte! Aunque nada es blanco o negro, porque, según un estudio hecho a más de veinte mil jóvenes sobre su experiencia laboral a lo largo de diez años, si eres extremadamente guapo puedes llegar a intimidar, o si eres extremadamente feo te puedes llegar a beneficiar porque te consideren más constante y trabajador. Vamos, que la discriminación por la belleza existe y es algo real que deberíamos tener más en cuenta.

- **Sesgo de observación selectiva:** este sesgo es muy curioso. Quizá te haya pasado que tu amiga se ha quedado embarazada y empieces a ver embarazadas todo el rato, o que te compras una chaqueta y se la empiezas a ver a todo el mundo, o que, cuando se acerca San Valentín y quieres tener pareja, solo ves a personas superenamoradas por la calle. Pues esto es el sesgo de observación selectiva. No es que el mundo esté conspirando contra ti, es que tu cerebro enfoca la atención en lo que le parece más relevante, y esto nos puede hacer tener una percepción un poquito distorsionada de la realidad.

Hay muchos más sesgos, pero creo que con esto te ha quedado claro que este invento de nuestro cerebro de automatizarlo todo nos puede llevar al error más de una vez. Lo ideal es que seamos conscientes de este modo de funcionar de nuestros pensamientos para así tratar de evitar los prejuicios. Pero no es nada fácil, me temo.

ENTONCES ¿CÓMO TOMA DECISIONES NUESTRO CEREBRO?

Creo que si hubiese una respuesta corta, clara y sin controversia se acabarían muchos de nuestros problemas. Pero como no la hay, voy a resumirte una investigación científica con la teoría de Daniel Kahneman, psicólogo y premio Nobel de economía en 2002 por desarrollar junto con Amos Tversky la denominada *teoría de las perspectivas* y arrojar un poco de luz a cómo funciona la toma básica de decisiones del cerebro en momentos de incertidumbre. Te hago un spoiler: el cerebro prefiere no sufrir a tener un beneficio. Y es que, como dice Kahneman, «nos concentramos en lo que conocemos e ignoramos lo que no conocemos, lo cual nos hace confiar demasiado en nuestras creencias».

Lo primero que tenemos que saber es que, por suerte o por desgracia, las heurísticas o sesgos van a tener mucho que ver con esta forma que tenemos de tomar decisiones, como hemos visto antes. Pongamos un ejemplo: Si tú vas andando por la calle y te encuentras cien euros, te da el alegrón del mes. Llamas a tus colegas y, si eres como hay que ser, os vais de cena e invitas para celebrarlo. Pero ¿qué pasa si, por el contrario, pierdes cien euros en la calle? Pues que aquí llega el dramón de la vida. Si lo comparamos, a tu cerebro le duele muchísimo más la pérdida de lo que le alegra el hallazgo.

Lo que defiende Kahneman es que tenemos una balanza dentro del cerebro (metafóricamente hablando) que se divide entre el *sistema de recompensa* y la *aversión a la pérdida*. Simplificando mucho: poli bueno y poli malo.

- A la izquierda del ring os presento al *Sistema de recompensa*. Nuestro cerebro considera una recompensa todo aquello que nos genera interés. Este interés lo sentimos porque hay ciertas neuronas que utilizan dopamina, la comúnmente conocida como *hormona de la felicidad,* para comunicarse. Estas neuronas se activan cuando ven cerquita la recompensa para que te motives y mantengas una actitud positiva, que es la manera de que vayas a por todas, es decir, de que quieras arriesgarte más para conseguirlo. Cuando la expectativa no se cumple, estas neuronas dejan de comunicarse y de liberar dopamina, y entonces el asunto ya no te genera tanto interés.

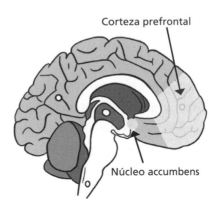

Corteza prefrontal

Núcleo accumbens

● A la derecha del cuadrilátero tenemos el *Sistema de aversión a la pérdida*. Este sistema es muy potente, tanto que siempre se impone al de recompensa en la decisión final y hace mucho más hincapié en todas las desventajas de hacer algo. Suele ganar, porque, como bien hemos dicho y sabes, el cerebro prefiere no sufrir a tener un beneficio. Es decir, este sistema te pone todo lo malo encima de la mesa para que no te arriesgues ni un poquito si no lo ves extremadamente claro. La culpable de ello es, sobre todo, la amígdala, que vendría a ser el botón del pánico de nuestro cerebro y se activa cuando percibe una amenaza clara o posible.

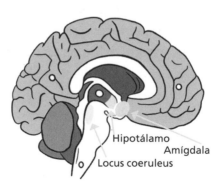

Hipotálamo
Amígdala
Locus coeruleus

Años de investigación sobre esta lucha entre ambos sistemas han revelado lo que puede parecer muy obvio: el miedo, si lo dejas, gana. Y es que, como describe Kahneman, «en el cerebro de los humanos y de otros animales hay un mecanismo diseñado para dar prioridad a los eventos malos. No se ha observado un mecanismo comparable en rapidez para reconocer los eventos buenos». Esto tiene su explicación si nos remontamos a la lógica prehistórica de que, cuanto antes detectes al depredador, más posibilidades de sobrevivir tienes. Por ello, como define el psicólogo Paul Rozin, una sola cucaracha puede llevarte a tirar un bol de trescientas cerezas, pero una sola cereza es incapaz de quitarte el asco de ver un bol lleno de cucarachas.

Esta teoría también explica el efecto psicológico *statu quo*, es decir, que prefiramos mantener nuestro estado actual si nos ofrecen algo que no nos supone mucha más satisfacción. Vamos, tirando de refranero, el *más vale pájaro en mano que ciento volando*. Por ejemplo, nos puede no valer la pena aceptar un trabajo mejor pagado si tenemos que cambiar de ciudad. Y también explica el efecto *de dotación,* es decir que le damos mucho más valor del que tienen a ciertas cosas por motivos meramente emocionales. Siguiendo con el ejemplo anterior, el efecto dotación podría hacer que te quedaras en tu trabajo, aunque no seas del todo feliz, porque tu pareja vive en la ciudad donde lo ejerces.

Pero como todos los sistemas, el sistema de aversión a la pérdida de nuestro cerebro se puede trolear, es decir, dentro de su lógica, el ser humano y el capitalismo han aprendido a que trabaje a su favor. En el libro *Brainfluence,* de Roger Dooley, hay un capítulo que me llamó especialmente la atención: «El ¡AY! que se nos escapa al pagar». En él, revela estudios muy interesantes sobre cómo afecta al cerebro el hecho de pagar. Dice que comprar duele. No siempre ni en todas las circunstancias, pero estudios de neuroeconomía revelan que comprar puede hacer que se active el centro de dolor del cerebro. No asociamos un gasto más grande con mayor dolor, sino que es el contexto del intercambio y lo justo o injusto que nos parezca lo que genera o no esa emoción. Puede que nos gastemos 130 euros en vinilos con una sonrisa en la cara, pero que si introducimos 80 céntimos en una máquina expendedora y no cae el producto nos consiga enfadar muchísimo. Pagarás con más o menos alegría según lo justo o injusto que te parezca el intercambio.

Según cuenta el bueno de Roger, un famoso estudio demostró que la gente sedienta en la playa pagaría casi el doble por una cerveza que por la misma bebida en una pequeña tienda destartalada. ¡Y doy fe de ello! Recuerdo que este verano fui de vacaciones con mis amigas a Conil. Estábamos en una cala y había un hombre que paseaba de arriba abajo ofreciendo bebidas heladas. Le compramos varias veces, aunque el precio de cada bebida era abusivo, e incluso le dejamos propina por saciar nuestra sed cómodamente, sin tener que movernos de las toallas ni preocuparnos de cargar con nuestras mochilas hasta el chiringuito más cercano. En ese caso, la comodidad y el calor nos hicieron pensar que el intercambio era justo y para nada fue doloroso para nuestros cerebros, sino refrescante para el cuerpo. Sin embargo, esa misma noche fuimos a cenar a un restaurante bastante cutre, todo hay que decirlo, y cuando trajeron la cuenta sentí una punzada por pagar 20 euros por pescado frito grasiento y tomate de lata. Claramente no me pareció un trato justo y a mi cerebro tampoco.

Otro factor que despista a nuestro sistema de recompensa es, por ejemplo, la venta en paquetes. Es decir, si compras los accesorios de un coche y en la etiqueta aparecen muchos artículos, no serás capaz de asignar un precio específico a cada uno de ellos y, por lo tanto, no puedes valorar lo justo del trato o si la utilidad del accesorio merece la pena. Curioso, ¿verdad?

Pero la parte más curiosa de todo lo que cuenta Dooley, a mi parecer, es que al cerebro le cuesta menos pagar con tarjeta o con el móvil que en efectivo. Según Dooley, para muchos consumidores, la tarjeta de crédito elimina en gran parte el dolor de la compra, mientras que sacar dinero de la cartera y entregarlo nos hace pensarnos dos veces si realmente queremos comprar. Por lo menos yo me siento totalmente identificada en este aspecto. En la cuenta bancaria solo hay números. En el momento en el que entregas la tarjeta o el móvil, esta sigue siendo físicamente la misma, no hay nada que haya cambiado (salvo cuando miras a posteriori tu cuenta, que ahí sí duele). Sin embargo, si tienes tres billetes de veinte y tienes que pagar cincuenta euros, te van a devolver diez. Es un cambio mucho más notable, ¿no crees?

EN CONCLUSIÓN

Todo esto no es más que un resumen, una explicación muy reducida de por qué pensamos como pensamos, pero lo que me gustaría que quedara claro después de este capítulo es que todo aquello que tenga un valor emocional en nuestra vida va a ser mucho más importante y probable que suceda.

Ahora pasemos a la siguiente pregunta: ¿Esto funciona siempre así, o depende del contexto en el que nos encontremos? Por ejemplo, ¿nuestro cerebro es el mismo en la calle que en el muro de Instagram? Pasa página y te lo cuento.

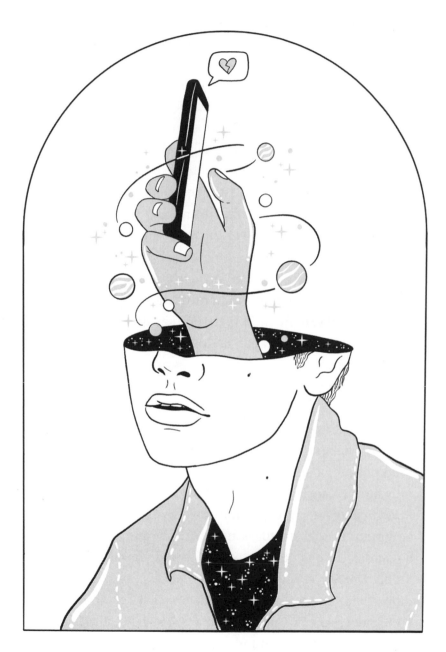

DOS MUNDOS EN UNO:
ONLINE & OFFLINE

En estos últimos quince años la manera de relacionarnos ha cambiado mucho debido a la tecnología. Se podría decir que la gente de mi generación (yo nací en 1991) ha nacido entre dos mundos. Viví mi infancia en un mundo offline y mi adolescencia en el mundo online. Y me parece fascinante. Crecí sin móvil, cuando todavía se utilizaba el teléfono fijo en casa y existían las cabinas desde donde llamaba a mi familia cuando pasaba los veranos en Irlanda. En el colegio me mandaba notitas de papel mientras Cristina escribía la historia de los visigodos en la pizarra de tiza. He enviado cartas por buzón a mi amiga, que pasaba el verano en Londres, y he grabado películas con mi prima que luego reproducíamos en VHS. A mis catorce años heredé mi primer móvil de prepago con una pantalla enana pero suficiente para picarme al mítico juego de Snake, mandar SMS de no más de 160 caracteres, porque si no te los cobraban al doble, y dar toques (para los que no llegaran a usar este método, consistía en llamar a alguien y colgar en el primer pitido. ¿Por qué? Pues, quizá solo porque te acordabas de esa persona, o porque querías que leyese un mensaje que le habías enviado, o incluso para avisar que estabas debajo de su casa esperándolo. ¡Pero sobre todo porque no tenías dinero para llamarlo o ponerle más mensajes!). Luego llegó Messenger y lo revolucionó todo. Podías chatear todo lo que quisieras sin pagar extra, mandar zumbidos e incluso fotos. A mis dieciséis años me fui a vivir a Estados Unidos durante un año y pude hablar y ver a mi familia por Skype. Mi primera red social fue MySpace. La verdad es que cuando volví de Florida no volví a abrirla porque en España apareció Tuenti. Poco a poco los móviles iban teniendo pantallas más grandes y nacían otras redes sociales que no terminaba de entender. Luego la pandemia nos hizo cambiar la manera de trabajar imponiendo el teletrabajo y Facebook se quedó anticuado. Todo esto hasta llegar a la actualidad, donde, en vez de El Rincón del Vago, la gente ya utiliza Chat GPT para *inspirarse* en los trabajos de clase. Y donde tengo una cuenta en Instagram (@raquelmascaraque) donde cuento datos curiosos del cerebro y en TikTok hay medio millón de personas que ceRebran conmigo. En el metro es difícil ver a alguien que no esté mirando el móvil, la inteligencia artificial nos ha adelantado por la derecha y lo mejor de todo es que todavía soy joven para ver cómo va a evolucionar esto.

En definitiva: que el mundo online nos ha capturado y ahora forma parte de toda nuestra realidad. Cuando hablo del mundo online no me refiero solo a las redes sociales, sino a toda aquella comunicación que se haga mediante una pantalla o sin contacto físico: videollamadas, teletrabajo, chatear por WhatsApp, pedir un taxi mediante una app o hacer la compra por la web en vez de ir al supermercado.

Me siento afortunada de haber crecido en el medio de ambos mundos y de comprender ambos, aunque siento un poco de vértigo, no te voy a engañar.

EL CEREBRO EN LA NUBE

Y, ahora, después de hacer este repaso por las últimas décadas de la historia, la pregunta es clara: ¿Qué diferencia hay en tu cerebro cuando vives online? Pues te hago un espoiler rápido: lo que pasa, vives y sientes en tu vida online es tan real como lo que pasa en tu vida offline.

En tu vida online te enamoras en aplicaciones para ligar, te ríes compartiendo memes por Instagram, discutes en los hilos de Twitter, felicitas a tu tía lejana por WhatsApp porque te lo ha recordado Facebook, lloras cuando te hacen bullying en los comentarios de tu último vídeo de TikTok o sientes ansiedad cuando todo tu entorno sube stories del concierto al que no has podido ir. Mirando a una pantalla que cabe en la palma de nuestra mano, reímos, lloramos, nos enfadamos, tenemos miedo, nos sentimos orgullosos o decepcionados. No podemos separar una vida de la otra porque a día de hoy son complementarias. La diferencia está en que en el mundo online decidimos lo que queremos (o no) mostrar y en el offline si te trabas hablando con alguien no puedes decir *espera, borro el vídeo y lo grabo de nuevo.*

La generación de mis padres ha vivido mayoritariamente en un mundo offline, mi generación está en el ecuador de los dos mundos y las personas que nacen ahora vivirán en un mundo mayoritariamente digitalizado, y, por mucho que nos asuste o nos sorprenda, no podemos negar que lo que sienten online es menos real que la vida física porque su realidad y manera de socializar, a día de hoy, es con el móvil en la mano.

Hace unos años, un amigo de mi padre me decía: *no sé qué hacer con mi hija. Tiene once* años y todas sus amigas tienen móvil y hablan a través de un grupo de WhatsApp. Yo le dejé mi móvil para que se pudiese unir al grupo, pero en cuanto se han enterado de que es mi móvil la han echado del grupo. No quiero que todavía tenga su propio dispositivo, porque me parece pronto, pero tampoco quiero excluirla de su grupo de amigas porque ahora es así cómo se comunican. Me parece un dilema que, principalmente por no ser madre, creo que se me queda grande. No sé lo que significa que mi hija de ocho años me pida un móvil para hacerse un perfil de Instagram. Imagino el miedo que puede dar pensar que la inocencia de un ser de ocho años esté expuesta en internet, sin saber dónde puede llegar ni para qué fin se puede usar.

El principal problema del mundo online y de las redes es que precisamente no somos conscientes de la magnitud que pueden tener un mensaje o una imagen. Aparte de lo que los menores quieran mostrar voluntariamente, está el *sharenting,* que es la sobreexposición de los pequeños en la red por parte de sus padres o madres y que es una realidad cada vez más común. Hay muchísimas cuentas dedicadas a exponer la vida de hijos e incluso cuentas que cobran dinero por ello. Como he dicho, no soy madre y no puedo opinar sobre cómo criar, pero sí te quiero contar una historia. Hace diez años tuve que hacer un trabajo para la universidad en el que tenía que buscar diferentes tipos de redes sociales. Navegando por internet encontré una red social para niñas entre nueve y doce años. Me parecía una edad muy específica, así que una alerta saltó dentro de mi cabeza y quise investigarlo. Me hice un perfil y para ello tenía que poner mis datos y subir una foto. Cogí una imagen de Google y, en cuestión de segundos, me convertí en Silvia, una niña de nueve años morena con los ojos verdes. Para poder crearme la cuenta necesitaba la autorización de mi madre, obviamente, así que puse otro correo electrónico dónde me llegó la autorización. La supuesta madre de Silvia aceptó y la inocente niña de nueve años pudo entrar en la red social para hacer nuevas amistades. Dentro de la página parecía todo muy ingenuo: niñas subiendo fotos del verano, jugando en la piscina, comentando entre ellas a qué colegio iban y a qué hora salían... Pero esto que para cualquier persona puede ser inocente, para un pederasta podía ser perfectamente un catálogo de niñas geolocalizadas sin necesidad de mover un dedo. Sentí mucho asco, impotencia y rabia. Hablé con el profesor al cargo y lo denunciamos. Se me sigue poniendo mal cuerpo cada vez que lo pienso, pero, después de vivir esa experiencia, me lo pienso dos veces antes de exponer en redes sociales a una persona menor a mi cargo, o, en general, a cualquier persona.

No digo esto porque quiera demonizar las redes sociales ni creo que debamos vivir con miedo. Sinceramente, el mundo online al que nos dirigimos me parece fascinante. Nuestras opciones se han multiplicado. He conocido gente increíble que no habría conocido de otra manera, pero creo que tenemos que entender las reglas del juego para poder educar a las generaciones que vienen, para enseñarlas a encontrar un equilibrio y usarlas de una manera consciente.

ENCAJAR O NO ENCAJAR. ESA ES LA CUESTIÓN

Lo que está claro es que tanto la hija del amigo de mi padre en el chat de sus amigas, como nosotros cuando ponemos un tweet, no estamos haciendo otra cosa que intentar encajar en el grupo, algo que, aunque no lo creáis, es muy importante para nuestro cerebro.

Y es que, como buenos animales sociales que somos, no es que queramos, es que necesitamos ser aceptados en sociedad. Es vital para la supervivencia. Tenemos un imperativo biológico básico que nos hace conectar con otra gente, y nuestro sistema de recompensa nos ayuda liberando dopamina para motivarnos en la evolución de la especie. Pero ¿cuál es el problema hoy en día? Pues que nuestro cerebro está preparado para que le importe la opinión de tu círculo más cercano, pero no la de cientos o miles de personas que, por ejemplo, te pueden ver en redes sociales.

El funcionamiento básico de TikTok es grupal (bailes virales que todo el mundo conoce o filtros que todo el mundo usa).

Pero tanto en el mundo offline como el online, a veces es difícil encajar, os puedo hablar de mi propia experiencia. Hace siete años que viajo con un cerebro de repuesto, y esto no es una metáfora, es literal. Es un cerebro anatómico que me regaló mi prima Emma cuando comencé a estudiar el máster de NeuroMarketing. Amor a primera neurona, diría yo. Desde que me lo regaló nos hicimos inseparables y comencé a llevar a Cere (así se llama, porque obviamente tiene nombre) a todos lados. Me abrí una cuenta de Instagram donde aparece en todas las fotos que subo, me lo llevé de viaje, de fiesta, a las entrevistas de trabajo, al trabajo en el que me contrataron por llevarlo a la entrevista, a las comidas familiares... Cualquier excusa era buena para sacarlo del bolso sin ningún motivo aparente. *Tocar para creer* se convirtió en mi filosofía, porque contarle a alguien una curiosidad del cerebro mientras lo tocan es mucho más impactante.

Cuando me llevaba a Cere a algún lado siempre tenía miedo de que alguien pensase: ¿y *esta loca?* Ahora es más común ver a divulgadores con un cerebro en sus ponencias o en sus redes sociales, pero en su momento yo no tenía un referente que lo hubiese hecho antes y experimenté muchísimo miedo a la incertidumbre. Cuando haces algo que otra persona ya ha hecho antes y has visto que no ha sido rechazado es más fácil arriesgar (porque sabes que es un riesgo controlado, y un poco de excentricidad le gusta a todo el mundo). Pero cuando empiezas con 429 seguidores en Instagram y más de la mitad son amistades y familia, el miedo al rechazo online y offline (y, por ende, al fracaso) está presente más de lo que puedas imaginar. Pero llegó un punto en el que empecé a disfrutarlo precisamente porque veía reacciones de todo tipo: asco, miedo, curiosidad, interés, nervios... De todo menos indiferencia. Absolutamente nadie nunca me dijo: *ah ok, un cerebro*. Es más, la pregunta que más veces me han hecho mientras tenían el cerebro en la mano (o lo miraban con recelo de lejos) ha sido: ¿es a tamaño natural?, lo que me confirmaba la necesidad que tenemos de conocer y saber más sobre el universo que llevamos dentro.

De todas formas, siempre he pensado que hay una línea muy fina entre la locura y la genialidad. Y esa línea se mide en si tu identidad está apoyada por la sociedad para permitirte hacer locuras. Me explico: si ahora mismo yo fuese a un evento, en vez de con el cerebro en la mano, con filetes de carne cruda en la cabeza, probablemente no tendría muy buena acogida, porque eso no tiene ningún tipo de coherencia con mi discurso ni con lo que la gente espera de mí. Pero si lo hace Lady Gaga en la gala de los premios MTV se convierte en un nuevo look icónico de la cantante porque el excentricismo es parte de su identidad y, aunque parezca una locura, lo refuerza cada vez que se enfrenta al miedo al rechazo.

CEREDATO

Hemos pasado de mandar la clásica carita sonriente :) en un SMS para mostrar felicidad a tener conversaciones a través de stickers, sin mediar palabra. Según la app SwiftKey, el emoticono de la risa fue el más usado en 2015, e incluso el diccionario de Oxford lo eligió como palabra del año. Sí, un emoticono escogido como palabra del año. ¿Cómo? Pues porque la palabra emoticono viene del concepto *iconos de emociones* y por eso de alguna manera nos ayudan a expresar lo que sentimos y también a comprender lo que siente el resto.

Al final, el emoticono se ha convertido en un lenguaje universal y personas jóvenes (y no tan jóvenes) sienten que pueden hablar reduciendo palabras y de una forma más visual. Incluso si no hay emoticonos los echamos en falta y pensamos que algo malo pasa porque la conversación es demasiado seria. Vamos, que los emoticonos son una parte fundamental de la comunicación informal actual en el mundo online. Pero, aquí viene mi pregunta: ¿cómo se ha tomado esto nuestro cerebro? ¿Cómo lo interpreta?

En 2014, Owen Churches realizó un estudio con encefalografía (para medir la actividad eléctrica del cerebro) y sus resultados dicen que cuando tu cerebro ve un emoticono lo interpreta de forma similar a cuando ve una cara real. Un

emoticono sonriente es parecido a ver una foto
de alguien sonriendo.

Pero es que en 2011 se evidenció también
que si escribimos una frase y le incluimos un
emoticono se activan las áreas del cerebro relacionadas con información verbal y no verbal
con más intensidad que si solo enviamos el tex-
to. Es decir, que los emoticonos de alguna manera captan esa información no verbal que nos
ayuda a interactuar, a ponerle emoción a nuestras palabras, y esto influye en la manera que
tenemos de comportarnos.

LOS LIKES EN EL CEREBRO

Ya he dicho que no creo que las redes sociales sean el demo-
nio. Sin embargo, el uso que estamos haciendo de ellas sí está
un poco distorsionado. Nos están educando para que nuestra
vida digital sea la cara bonita de la moneda, donde, a toque de
filtro, la pubertad no deja granos en tu piel, donde a toque
de edición tu cadera se reduce tres tallas o donde a toque de
likes eres el más popular del colegio. Y es que hoy en día *molar*
no es ser popular en tu entorno, es ser popular en tu vida digital. Y para ello cuantos más *likes,* mejor. ¡Ay, el maravillo-
so-horroroso mundo de los likes!

Para ir entrando en contexto, tenemos que saber que los
likes activan las mismas áreas cerebrales que la masturbación
o el chocolate, ¡así a cualquiera le gustan! Pero esto es posible
gracias a la simbología que les hemos dado a los *likes* en nuestra vida online. Y es que hemos comparado los corazones vir-

tuales con abrazos, felicitaciones o esa palmadita en la espalda que recibiríamos en nuestra vida offline. Ese *lo estás haciendo bien* o ese *te escucho, amiga*. Así, nuestra realidad se crea en base a esa falsa percepción y recibimos esos pequeños premios en forma de *me gusta* que liberan en nuestro cerebro, al igual que lo haría un abrazo real, chutes de bienestar (a través de la dopamina, entre otras hormonas). ¿Y qué hace tu cerebro, que no es tonto? Pedir más, obviamente.

Aquí entra en juego el núcleo accumbens (coloquialmente conocido como el *centro de adicción del cerebro*), que es parte del sistema de recompensa, la estructura encargada, entre otras cosas, de que experimentemos momentos de placer intenso al ganar un premio, tener un orgasmo, beber un batido de chocolate, etcétera. Si tuviera personalidad, el núcleo accumbens sería ese colega juerguista y muy gracioso que siempre te dice *venga, la última, la última, esta vez en serio* mientras tú sabes perfectamente que no va a ser la última, pero decides quedarte un ratito más. Pero eso es divertido, así que, ¿dónde está el truco? Pues en que esta área se acostumbra rápido a los chutes de dopamina que va recibiendo y cada vez pide más y más para que te sientas igual de bien (así que esa *última y nos vamos* se convierte en la antepenúltima). Por ejemplo, volviendo al tema de los *me gusta*: imagina que cada vez que subes una foto recibes de media 100 *likes*. Al principio eso te pondrá muy feliz, pero al cabo del tiempo te acostumbrarás a tus 100 *likes* y querrás más. Te esforzarás, harás más fotos, subirás más contenido, te involucrarás con tu audiencia y tu trabajo se verá recompensado. Subirás a una media de 500 *likes* por foto. De nuevo tu cerebro te dará un chute de dopamina brutal, pero, al cabo del tiempo, se acostumbrará, y así todo el rato. Pero eso no es lo peor... ¿Qué pasará cuando una foto o un vídeo no reciba la cantidad de likes a la que te has acostumbrado? Ahí llegará el problema. Tu realidad estará distorsionada y esos 100 *likes* no serán nada, dejarán de ser de personas que han reaccionado a tu publicación y se convertirán en el porcentaje de tu autoestima, en tu nivel de popularidad, en tu capacidad de seducción o en tu valía como persona. Pasamos de que nos importe lo que piense la gente de nuestra tribu a que nos importe lo que piensen 10.000 personas (o más). No estamos preparados para que la aprobación social nos llegue cada cinco minutos, la experiencia no nos ha preparado para eso. Es abrumador y agotador. El hecho de dejar de recibir *likes,* de sentirse *rechazado* por la comunidad online genera depresiones, trastornos y efectos dañinos en la salud mental, sobre todo de los más jóvenes.

De alguna manera, por eso podemos decir que las redes sociales tienen un componente adictivo. Por un lado, aportan muchísimo a la manera que tenemos de comunicarnos hoy y es maravilloso poder conectar con gente tan diversa de forma inmediata desde cualquier parte del mundo en la que te encuentres. El problema está en que no comprendemos su uso, el control que pueden llegar a tener sobre nuestras vidas y la importancia que les hemos dado. Y esto no es nada inocente o algo sobre lo que tengamos la culpa, pero si es nuestra responsabilidad educar a las generaciones que vienen para que lo entiendan. Todo lo que se hace en internet, se mira, se rastrea y se mide. Si no me crees, échale un vistazo al documental *El dilema de las redes sociales* de Netflix. Cada movimiento que hacemos se controla cuidadosamente. En qué imagen te paras a mirar, durante cuánto tiempo, cuándo te sientes solo, cuándo deprimido, nostálgico, cómo te metes en el Instagram de tu ex pensando que nadie te ve, si eres introvertido o extrovertido, cómo es tu personalidad... Lo que más me fascinó del documental es cómo muestra algo que hemos asumido como natural. ¿Conoces la frase: *si no pagas por el producto, tú eres el producto*? Pues se queda corta. El verdadero producto por el que se pagan millones es el cambio de tu comportamiento y tu percepción, porque las redes sociales crean tendencias y patrones de comportamiento. Esto se consigue mediante todos los datos que analizan y que les ayuda a predecir a cada persona. Predicen el tipo de vídeos que harán que sigas mirando o esos comentarios que te hacen reaccionar. Usan, entre otras, la tecnología persuasiva, que es una especie de diseño intencional aplicado hasta el extremo donde se modifica el comportamiento de alguien guiándolo para que realice una acción específica, por ejemplo, que sigan haciendo *scroll* con el dedo. ¿Cómo lo consiguen? Creando una pantalla en la que, cuando tú deslizas hacia abajo con el dedo y la información se actualiza, siempre haya algo nuevo que puede ser interesante para ti. En psicología se llama refuerzo intermitente positivo.

¿Conoces las típicas máquinas tragaperras que hay en los bares? ¿Esas en las que metes una monedita y si tienes la gran suerte de que coinciden los cuatro dibujos empieza a hacer mucho ruido, salen muchos colores y ves caer un montón de monedas? Es muy difícil que salgan los cuatro dibujos a la vez, pero no imposible, por eso la gente empieza a meter monedas, porque saben que en algún momento va a llegar su premio. Pues en redes sociales tú vas mirando fotos o vídeos que realmente no te importan demasiado, pero, de repente, ¡PUM!, ahí está. Esa foto que estabas esperando, ese vídeo tan interesante que no sabes cómo has podido vivir sin él. Y sigues bajando por el scroll infinito, navegando entre contenido que te da igual y a la espera de que llegue ese nuevo ¡PUM! porque sabes que va a llegar, esperas que vaya a llegar, porque ya ha pasado antes. Y así es como te quedas horas mirando contenido que tampoco te interesa tanto mientras ellos predicen qué tipo de contenido seguirá manteniendo tu atención. Así hasta que, con el tiempo, construyen un timeline a tu medida, consiguen crear la falsa sensación de que todo el mundo está de acuerdo contigo. Y una vez que piensas eso es muy fácil manipularte. Al igual que lo haría un mago. Un mago te hace un juego de cartas y te dice que escojas una carta, pero tú no te das cuenta de que está todo organizado para que escojas la carta que él quiere. Y así sucede también en las redes sociales, lo organizan todo para que tú pienses que escoges los amigos y todo el contenido, pero quien elige no eres tú al 100 %.

EL CHUPETE DIGITAL

Estas fórmulas creadas por las redes al servicio de otros están atrofiando nuestra propia capacidad de enfrentarnos a esas emociones. Incluso podemos llegar a perder nuestra propia percepción del yo.

Se está adiestrando a toda una generación para que, cuando se sienta incómoda, sola, triste, insegura, asustada, coja su propio chupete digital o se active el filtro, el cual marca lo que es aceptado, lo que es bello. Hace unos años se comenzó a hablar de un trastorno llamado *Dismorfia de Snapchat*, basado en el deseo de muchas personas de parecerse a sus selfis con filtro. Es un trastorno dismórfico corporal en el que la persona deja de reconocerse en el espejo y solo se reconoce o se ve bella en la imagen de su pantalla del móvil con el uso de un filtro. En muchos casos incluso se llega a ir al cirujano para operarse y ser la persona que su filtro favorito le marca.

Otra problemática surgida de cómo usamos las redes es el FOMO. No sé si en algún momento habrás escuchado la palabra F.O.M.O (Fear Of Missing Out), pero quizá lo que sí te ha podido pasar es que, tras una tarde haciendo *scroll* en tu móvil, después de ver vídeos de las maravillosas vidas que todo el mundo parece tener en Instagram, de lo felices que se muestran y de lo guapos y perfectos que salen siempre los influencers, hayas cerrado el móvil pensando que tu vida es una basura. Tú querías desconectar un ratito y te has acabado sintiendo peor, pero, por algún extraño motivo, a las pocas horas volverás a echar un vistazo por si hay algo nuevo que te haga sentir bien. Eso es el FOMO.

Por último, volviendo al tema de los *likes,* es inevitable hablar de los problemas mentales asociados a ellos, a nuestra percepción a través de ellos. Incluso yo, como divulgadora de contenido, a veces experimento sensación de derrota cuando mis contenidos no tienen la recepción que considero que deberían. Cuando eso sucede siempre me digo: *tu carrera de divulgación es una carrera de fondo, poco a poco. Los likes no miden tu valía profesional. Ni el éxito de un vídeo ni el fracaso de otro te representan.*

Con este gráfico podemos ver claramente por qué no podemos confiar nuestra estabilidad mental a los likes o a las visualizaciones. Abajo tienes un gráfico con el número de visualizaciones de mis últimos diez vídeos de TikTok. Creo que la gráfica habla por sí sola.

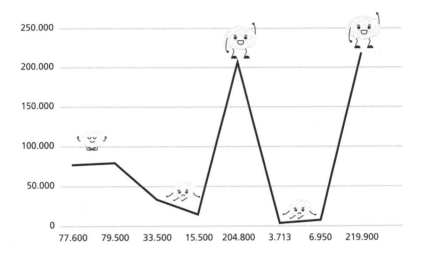

No podemos vivir en un constante sube y baja emocional, pensando que nuestra valía como personas y profesionales depende de las visualizaciones o los corazones de una publicación.

Un buen amigo mío, Javi, me contó una historia que he convertido en filosofía de vida. Él es un profesional del golf y me dijo que, cuando estás jugando y haces el golpe de tu vida, no debes emocionarte muchísimo porque si luego haces un golpe de mierda, vas a decepcionarte tanto que seguramente comiences a fallar más. *Tienes que mantener la estabilidad,* me dijo. Reconocer el buen trabajo es importante, identificar cuando tienes que mejorar el golpe también, pero lo fundamental es intentar huir de los extremos, mantener el equilibrio. ¡Cuánta razón!

EN RESUMEN

La falta de gestión y de conocimiento de nuestras emociones, tanto las que nacen de situaciones en el mundo offline como en el online, nos lleva a vivir una vida guiada por las creencias que consideramos que nos aceptarán otros, por lo que es socialmente aceptado, por lo que pasa por el filtro. Conocer esas emociones, entenderlas y aceptarlas nos puede ayudar a encontrar el equilibrio del que mi amigo Javi hablaba y, por tanto, también a pensar mejor. Para ello, la primera pregunta que tenemos que hacernos es: ¿qué es una emoción?

EMOCIONES.
¿ESO QUÉ ES?

> Casi todo el mundo piensa que sabe lo que es una emoción hasta que intenta definirla. En ese momento prácticamente nadie afirma poder entenderla.
>
> WENGER, JONES Y JONES

A lo largo de la historia, filósofos, pensadores, sociólogos, psicólogos y cientos de perfiles diferentes han intentado describir y explicar las emociones y el impacto que tienen en nuestras vidas. En este capítulo vamos a hacer un repaso muy rápido y básico de algunos conceptos clave que nos han ayudado a entender las emociones tal y como las entendemos hoy. Este es el capítulo más técnico de todos porque para entender de forma resumida uno de los conceptos más ambiguos y difusos de la ciencia es necesario citar algunas fechas y nombres. Ponte en una postura cómoda y léete el capítulo completo antes de sacar conclusiones, que aquí hay telita.

NOTA MENTAL

No hay emociones positivas o negativas. Hay emociones que nos hacen sentir bien y emociones que nos cuesta mucho más procesar, pero cada una de ellas tiene una función evolutiva y nos ayudan en la supervivencia.

Hay dos mitos muy extendidos cuando hablamos del tema de las emociones. El primero es que hay emociones positivas y negativas. El segundo es que hay una gran batalla entre la razón y la emoción. Pues bien, ninguno de los dos es cierto. Si te das cuenta, nos encanta polarizar. Eres de ciencias o de letras, de derechas o de izquierdas, ateo o religioso, de team frío o team calor, o muy racional o muy emocional. Pero el cerebro no funciona así. Hay emociones que nos hacen sentir bien y emociones que nos cuesta mucho más procesar, pero cada una de ellas tiene una función evolutiva y nos ayuda en la supervivencia. Y por supuesto, como vamos a ver, la razón y la emoción están vinculadas. No hay partes de tu cerebro que se dedican solo a la emoción y partes que se dedican a la razón. Incluso esas personas que te dicen: *yo es que soy súper racional* funcionan de la misma manera, lo que pasa es que sienten tanto miedo de sentirse vulnerables que miden al milímetro sus acciones para tener la falsa sensación de control sobre sus impulsos. Y eso es de lo más emocional que te puedes echar a la cara.

Pero este mito de la razón y la emoción como cosas separadas, ¿de dónde viene? Pues se remonta a la teoría racionalista de Platón y Descartes, que defendían, cada uno a su modo, que la razón humana es lo que debería gobernar el mundo y que las emociones nos hacen más débiles, por lo que son jerárquicamente inferiores. Afirmaban que tenemos la voluntad de elegir lo que la razón dicta. Según ellos las emociones, al ser más primitivas e irracionales, son más peligrosas y deben estar siempre controladas por la razón.

Si seguimos avanzando en la historia, en 1872, Darwin publica su libro *La expresión de las emociones en los animales y en el hombre* y ofrece tres principios acerca de la emoción:

1. La emoción está determinada genéticamente.
2. La emoción es universal y se expresa mediante movimientos faciales.
3. La emoción tiene una función comunicativa que nos ayuda a adaptarnos mejor, incrementando así nuestras posibilidades de supervivencia.

Algo que reforzó mucho esta creencia de que la emoción está gobernada por la razón fue el —a día de hoy mito— del cerebro triuno de Paul MacLean en 1960, que decía que el cerebro tiene tres capas fundamentales: el núcleo interno, heredado de los reptiles, puramente instintivo (el cerebro reptiliano), la capa, heredada de los mamíferos (el sistema límbico o emocional) y un último envoltorio, la capa lógica (neocórtex) que es exclusivamente humana. Actualmente esta hipótesis ha dejado de ser aceptada por la mayoría de los investigadores de neuroanatomía porque, como ya hemos dicho en el capítulo 1, el cerebro no funciona por bloques o capas, funciona por conexiones neuronales. No hay una capa exclusiva de las emociones y otra capa de la razón.

En 1984, el psicólogo Paul Ekman se pone un poco más específico y marca la diferencia entre emociones primarias y emociones secundarias. Las primarias, dice, son comunes en todos los seres humanos y nos permiten reaccionar de cierta manera a determinadas situaciones o estímulos (alegría, miedo, asco...). Las secundarias dependen un poco más del aprendizaje personal de cada persona (la culpa, los celos, la inseguridad...). Dentro de las emociones primarias, define seis emociones universales que, siguiendo la teoría de Darwin, todo el mundo siente de la misma manera y las determina la genética. Estas emociones son: la tristeza, la alegría, la ira, el miedo, el asco, la sorpresa. ¡Quédate con su nombre que en nada volveremos a hablar de Ekman!

En 1990, el psicólogo Daniel Goleman define las emociones como «impulsos que nos llevan a actuar. Programas de reacción automática con los que nos ha dotado la evolución». También desarrolla el concepto de inteligencia emocional siguiendo la teoría de John Mayer y Peter Salovey que la definen como «la habilidad para percibir, comprender, valorar y expresar las emociones adecuadamente y adaptativamente. Para entender el uso de los recursos emocionales, y la habilidad para regular las emociones en uno mismo y en los demás».

Más tarde, en 1994 el psicólogo Johnmarshall Reeve define tres funciones básicas que todas las emociones deben cumplir:

- Función adaptativa: preparar al organismo para la acción.

  Por ejemplo, el asco tiene la función adaptativa de que rechacemos algo que puede ser malo para nuestra supervivencia, como comer caca, por ejemplo. (Si te ha dado asco pensarlo, tu función adaptativa funciona bien). La ira, por ejemplo, tiene la función adaptativa de la autodefensa, la tristeza de la reintegración o la sorpresa de la exploración.

- Función social: comunicar nuestro estado de ánimo.

  Para que el resto de los humanos entiendan lo que sentimos tenemos que expresarlo, por lo que las emociones de alguna manera nos ayudan a traducir nuestro comportamiento y entender el del resto de la gente. Vamos, que nos incita a socializar, algo básico para la supervivencia humana.

- **Función motivacional:** facilitar las conductas motivadas.

La emoción nos ayuda a motivarnos para conseguir aquellas metas que nos proponemos.

◯ CEREDATO ◯

En 2012, se publicó un estudio sobre el efecto de la emoción sobre la memoria y arrojó datos como que la emoción fortalece la forma que tenemos de recordar. Las emociones intensas, tanto positivas como negativas, mejoran la memoria para recordar los detalles principales de un momento y no dar tanta importancia a los detalles secundarios. Por ejemplo, una víctima de violación que recuerda claramente la forma del arma con la que fue amenazada quizá no sea capaz de facilitar detalles sobre la vestimenta de asaltante o el color de su pelo.

Otro dato curioso es que nuestro estado emocional en el momento en el que se recuerda la información puede interactuar con el contenido emocional del material recordado. Esto quiere decir que tenemos más recuerdos tristes cuando estamos compungidos y recuerdos más alegres cuando estamos felices.

Parece ser que todo el mundo tiene algo nuevo que añadir acerca de las emociones, pero más o menos todas las teorías tienen algo en común, ¿no? Hagamos un resumen hasta ahora:

- Según Platón son impulsos primitivos que deben ser dominados por la razón.
- Según Darwin es algo que viene ya implícito en nuestra genética, sobre lo que no tenemos control.
- Según Paul Ekman una emoción es algo breve y universal que todo el mundo siente de la misma manera.
- Según Goleman son los impulsos automáticos que nos llevan a actuar.
- Según Reeve tienen diferentes funciones básicas que todas las emociones cumplen por igual.

En conclusión, podríamos decir que la emoción es algo que no se puede controlar, que viene implícito en el ser humano como si estuviésemos programados para sentirlo y que, como si fuese un programa de ordenador, todo el mundo ejecuta de la misma manera.

───────── ◯ CEREDATO ◯ ─────────

¿Sabéis por qué sentimos empatía? Pues es curioso, pero se descubrió de chiripa. Es lo que se llama una serendipia en toda regla. En 1996 el neurobiólogo Giacomo Rizzolatti y su equipo estaban investigando la actividad motora de los monos macaco cuando, en un descanso, uno de los investigadores se estaba comiendo un plátano y vieron que un mono estaba imitando al investigador, pero sin tener nada en la mano. Investigando este suceso fortuito, vieron que se activaban unas neuronas específicas en el cerebro, a las que denominaron neuronas espejo, y que están ubicadas fundamentalmente en el área de boca, relacionada con el lenguaje, y en la corteza parietal posterior. Por eso se relaciona el lenguaje con la imitación de gestos y sonidos.

Como el cerebro trabaja en conjunto, es decir, que está todo conectado, estas neuronas mandan señales al sistema límbico, el área encargada de gestionar las emociones, para que cuando veamos reír, llorar, bostezar a alguien podamos tener empatía y no solo entender esas emociones, sino sentirlas como propias.

Parece que todos los autores tenían claro lo que era una emoción y que iban por el mismo camino, ¿verdad? Pues espérate, que aquí viene el giro inesperado de la historia.

En 2017, la psicóloga Lisa Feldman publica su libro *La vida secreta del cerebro,* donde tira por tierra la teoría de la emoción universal de Darwin y Paul Ekman afirmando que «es posible que sientas que tus emociones están configuradas dentro de ti y que se desatan y te ocurren a ti, pero no es así. Puede que creas que tu cerebro está prediseñado con circuitos para las emociones, que has nacido con estos circuitos, pero no. Las emociones son como adivinanzas, conjeturas que tu cerebro construye cuando billones de células están trabajando al mismo tiempo y realmente tenemos mucho más control sobre esas conjeturas de lo que pudieras imaginarte. Las emociones no vienen instaladas en tu cerebro de nacimiento. Simplemente son construidas». Y aquí es donde empieza la mandanga: la teoría de la emoción construida.

Como puedes imaginar, nos podríamos explayar muchísimo en este capítulo, y eso que yo solo te he mencionado algunos de los autores que me parecen más relevantes en el estudio de la emoción, pero desde luego te digo que no son los únicos. Por eso, para ir de lo general a lo específico, te diré que a partir de aquí se crean dos vertientes, el Team Ekman, que dice que la emoción es universal, y el Team Feldman, que dice que la emoción es construida.

TEORÍA DE LA EMOCIÓN UNIVERSAL DE EKMAN

Paul Ekman consiguió que le financiaran un proyecto con el que quería investigar si las expresiones y los gestos que ponemos tienen algo que ver con la cultura en la que vivimos o si es algo universal.

Él y su equipo estudiaron veintiún culturas alfabetizadas y dos que no (es decir, que no habían tenido contacto con el mundo exterior y no podían haber aprendido a imitar caras que hubiesen visto por la tele o revistas). Ekman dice que cuando les preguntaba (independientemente de la cultura): ¿qué cara pondrías si te dijera que se ha muerto tu hijo?, todo el mundo ponía la misma cara.

En una entrevista Paul Ekman dice que «la cara es un sistema de señas, y es el mejor que tenemos para las emociones:

un sistema de señas universales, involuntarias, es decir, que es muy valioso, porque no lo hacemos a propósito».

A continuación te propongo hacer el ejercicio más representativo de Ekman. Abajo tienes seis imágenes y cada una de ellas representa una emoción. Yo te voy a poner aquí las seis emociones y tú piensa cuál crees que representa cada imagen.

Alegría. Ira. Asco. Tristeza. Sorpresa. Miedo.

¿Has pensado que la alegría es la 5? Pues claro. ¿Ira? Justo, la 1. ¿Asco? Lo estás clavando, la 3. ¿Tristeza? ¡Bingo! La 6. ¿Y entre sorpresa y miedo? La 2 miedo y la 4 sorpresa, tal cual. Parece que todo cuadra, ¿no?

LAS 6 EMOCIONES BÁSICAS

ALEGRÍA

Arrugas en las patas de gallo

Mejillas elevadas

Actividad en el músculo orbicular

IRA

Cejas hacia abajo y juntas

Mirada penetrante

Labios apretados

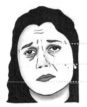

TRISTEZA

Párpados superiores caídos

Ojos sin enfoque

Labios ligeramente hacia abajo

AVERSIÓN

Nariz apretada

Labio superior elevado

SORPRESA

Cejas arqueadas

Ojos abiertos

Boca abierta

MIEDO

Cejas elevadas y juntas

Párpados superiores elevados

Párpados inferiores tensados

Labios ligeramente estirados horizontalmente hacia atrás

Ekman afirma que no podemos elegir dónde nace el impulso de la emoción, que es algo automático, pero que sí podemos desarrollar la capacidad de darnos cuenta de que tenemos ese impulso antes de actuar. Es decir, que tenemos algo de margen entre el momento que sentimos la emoción y el de pasar a la acción. Esto pasa, por ejemplo, cuando hacen un chiste de humor negro y alguien elige no reírse porque no está en el contexto donde debería hacerlo. Aunque, según su teoría, esto es difícil porque trabajas en contra de tu naturaleza controlando los impulsos.

Parece sencillo y coherente, ¿no? La teoría de Ekman tiene sentido. El ejercicio de arriba lo he hecho en varias conferencias que he dado y siempre hay una media de acierto del 90 %. La verdad es que sería mucho más fácil dejarlo aquí.

Si tiene coherencia, ¿para qué liarnos más? Incluso se han hecho series según su teoría (*Miénteme*), donde un investigador de la policía ayuda en las entrevistas a posibles culpables de delitos leyendo al milímetro sus expresiones faciales.

Paul Ekman defiende que hay emociones universales y que todo el mundo sigue el mismo patrón, que es algo involuntario, que no podemos controlar, y que se sienten igual independientemente de dónde hayas nacido, de tu cultura o de tu idioma. Es decir, fruncimos el ceño cuando sentimos ira, se nos marcan las famosas arruguitas en los ojos cuando sonreímos, torcemos la boca hacia abajo cuando estamos tristes o se nos arruga la nariz cuando sentimos asco.

Bueno, pues la teoría de Ekman ha sido muy criticada por no basarse en un método científico riguroso.

TEORÍA DE LA EMOCIÓN CONSTRUIDA DE LISA FELDMAN

La que está basada en riguroso método científico es la teoría de la emoción construida de Lisa Feldman, que es una visión completamente opuesta a la teoría de la emoción universal. Feldman defiende que las emociones no están escritas en tu cuerpo, sino que son una construcción de tu cerebro.

La catedrática de Psicología Lisa Feldman, galardonada por su investigación pionera sobre las emociones en el cerebro, rechaza la teoría de Ekman, defendiendo que las emociones son complejas construcciones en tu cerebro, no simples circuitos que repiten siempre el mismo patrón.

Feldman lleva más de veinte años analizando los procesos cerebrales de las emociones y con su laboratorio ha analizado a más de veinte mil sujetos buscando si hay efectos físicos en el cuerpo dependiendo de cada emoción. Su conclusión es que no hay un patrón específico. A veces cuando estás triste te late el corazón más rápido que otras. O, por ejemplo, solo el 28 % de veces que nos enfadamos fruncimos el ceño, lo que significa que el 70 % restante estamos haciendo otras cosas como llorar, sonreír, quedarnos quietos, pensar algo que no entendemos muy bien... ¡Eeeh! *What*? ¿Fruncimos el ceño aunque no estemos enfadados? La respuesta es sí. Lo hacemos cuando estamos concentrados, cuando estamos confundidos, cuando nos cuentan una broma mala, cuando tenemos gases... Entonces, aquí viene el trabalenguas: si también fruncimos el ceño cuando no estamos enfadados, esto significa que, aunque a veces se hace por enfado, no es el único signo del enfado. Hum, con esta información, el investigador de *Miénteme* lo tendría complicado para leer a un posible asesino que ese día se ha levantado con muchísimos gases. ¿Está enfadado porque me acerco a la verdad del asunto o porque se está aguantando un pedo?

Según Feldman no hay estados físicos predecibles en base a una emoción. La variación es la norma: a cada persona le hace feliz algo diferente, por ejemplo, y puede ser muy diverso, como leer un libro, quedar con tus amistades o ponerte a cocinar una tarta. Vamos, que tu cuerpo puede reaccionar de una manera diferente al de tu vecino cuando estéis haciendo la misma cosa, y, por tanto, variarán vuestras emociones.

La cuestión es que cuando se le pregunta a la gente, por cultura popular, suelen etiquetar estas expresiones faciales con ciertos estados (fruncir el ceño = enfadado), aunque eso no signifique que lo hagan siempre. El estudio de las psicólogas Linda A. Camras y Harriet Oster quería demostrar cómo el contexto es clave y básico para la interpretación de una emoción. Para ello, grabaron a bebés mientras les inducían la emoción del miedo con un juguete de un gorila que gruñía, o la ira impidiendo que movieran un brazo. Las expresiones faciales de los bebés realmente no se distinguían, pero cuando una persona adulta veía el vídeo no tenía ninguna duda de qué generaba ira o qué miedo a los bebés. Incluso cuando les taparon las caras en el vídeo se seguía distinguiendo a la perfección. Los bebés tienen gestos muy característicos que obviamente les ayudan a relacionarse y a mostrar sus necesidades, pero el contexto es clave para que el cerebro interprete la información.

Dice Feldman que «esto no significa que las emociones sean una ilusión o que las respuestas corporales sean aleatorias. Significa que, en ocasiones diferentes, en contextos diferentes, en estudios diferentes, en una misma persona y en personas diferentes, la "misma categoría emocional supone respuestas corporales diferentes". Lo normal es la variación, no la uniformidad».

Y aquí empieza lo divertido: LAS EMOCIONES SON COMPLE-
JAS CONSTRUCCIONES EN TU CEREBRO, NO SIMPLES CIRCUITOS
QUE REPITEN SIEMPRE EL MISMO PATRÓN.

La manera en la que lo explica Feldman es sencilla para lo
complejo del asunto. Para que tu cerebro entienda lo que pasa
fuera de tu cuerpo, tienes los oídos, las manos o la boca, es
decir, tu cerebro siente a través de tus sentidos como si estuviese en el cine viendo una peli en 4K. Pero a la hora de mirar
dentro de nuestro cuerpo para entender lo que pasa, eso ya es
otra cosa. Es como si estuviésemos viendo una película en 1950
un día de tormenta, es decir, en blanco y negro, bastante bo-
rroso y con alguna que otra interferencia. Entonces hemos
creado lo que conocemos como estado anímico para que tu
cerebro se pueda comunicar con tu interior y tu exterior.

«No somos animales cableados para reaccionar a suce-
sos. Estamos en el asiento del conductor mucho más de lo
que podríamos pensar. Si por ejemplo, una cultura dicta que
las mujeres son menos respetables que los hombres, esta realidad social tiene un efecto físico en el grupo: salarios más
bajos, menos derechos. Hace falta más de un cerebro para
crear una mente».

Es curioso porque al final en lo que Ekman y Feldman
coinciden es en que las emociones se usan de alguna manera
para comunicarnos y expresar aquello que sentimos, como si
fuera un lenguaje de signos emocionales, pero según Ekman
esto es algo completamente involuntario y universal, y según
Feldman es algo independiente de cada persona y se genera
en el cerebro en el momento en que lo necesitamos.

Pongamos este acertijo que puede que te hayan contado alguna vez en clase de filosofía: Si un árbol se cae en medio del bosque sin que haya nadie para escucharlo, ¿sonará al caer? Puede que la respuesta obvia sea *sí*. Si yo voy andando por el bosque y un árbol se cae, yo lo escucho. Entonces, aunque yo no esté ahí ¿por qué no iba a sonar?

Pero es una pregunta trampa, obviamente, sino qué sentido tiene que te cuente esto. La respuesta científica al acertijo es que no. Cuando un árbol se cae, en sí mismo, no hace ningún sonido. Su caída crea vibraciones en el aire y en el suelo. Estas vibraciones solo se convierten en sonido si está presente algo especial que las reciba y traduzca como, por ejemplo, un oído conectado a un cerebro. El oído externo capta los cambios en la presión del aire y los canaliza hasta el tímpano, produciendo vibraciones en el oído medio. Estas vibraciones mueven un fluido en el oído interno, que a su vez mueven unos cilios que traducen los cambios de presión en señales eléctricas que recibe el cerebro. Sin esta maquinaria especial no habría sonido, solo aire en movimiento.

Pero es que la cosa no termina ahí. Para que tu cerebro entienda lo que ha pasado, necesita saber que eso es un árbol y puede que eso lo hayamos aprendido en algún libro, alguna película…Es decir, un sonido no es algo que pase. Es una experiencia construida cuando el mundo detecta cambios en la presión del aire y hay un cerebro que puede dar significado a esos cambios.

Pero es que lo mismo pasa con los colores. Si te pregunto: ¿esta manzana es roja? Y te enseño la manzana de Blancanieves y los siete enanitos, dirás: *obvio, sí, es roja*. Pues también es un acertijo trampa porque el color es la experiencia de luz reflejada y un ojo con un cerebro que lo interprete. Solo interpretamos el rojo cuando una luz de una longitud de onda determinada se refleja en un objeto. Pero si no hay una retina que use sus tres tipos de fotorreceptores, llamados conos, para convertir la luz reflejada en señales eléctricas y que el cerebro les dé significado, esta manzana no se verá roja. Por ejemplo, imaginaos que sois daltónicos, vuestra experiencia de color sería distinta. Recuerdo una vez, hablando con un amigo daltónico al que le pregunté de qué color era un pañuelo verde y él me dijo que verde. Luego le pregunté por una servilleta roja y me dijo sin dudar que era roja. Entonces, al ver mi cara desconcertada, me dijo: *Yo esos colores los veo de diferente manera que tú, pero me han enseñado que si lo veo de x manera es verde y si lo veo de x manera es rojo. He aprendido a interpretar los colores según lo que me han enseñado, no según lo que veo en realidad.*

Al final, si te das cuenta, participamos activamente en la construcción de nuestras experiencias, aunque no siempre seamos conscientes de ello. Por ejemplo, cuando te he preguntado si la manzana roja de Blancanieves es roja. No te he puesto ninguna imagen, pero tu cerebro la ha recuperado inmediatamente sin dudarlo un segundo. Los cambios en la presión del aire y en las longitudes de onda existen en el mundo, pero para nosotros son solo sonidos y colores. Creamos nuestra realidad y sus significados a partir de nuestras experiencias pasadas y de lo que nos enseñan.

No sé hasta qué punto te quiero meter en este embolado, porque la siguiente pregunta que yo me haría es: *pero a ver, ¿qué es real entonces? ¿Vivimos en Matrix?* Y aquí rescataría una frase de la película que me flipa: «¿Qué es real? ¿Cómo defines lo real? Si estás hablando de lo que puedes sentir, lo que puedes oler, lo que puedes saborear y ver, entonces lo real son simplemente señales eléctricas interpretadas por tu cerebro».

Fucking genius. Avanzados de su época. Y es que nuestro cerebro es una fábrica de ilusiones. Es un órgano que ha evolucionado para que los seres humanos nos podamos adaptar a los cambios del entorno. Como dijo Einstein, «la realidad no es otra cosa que la capacidad que tienen de engañarse nuestros sentidos». Nos tenemos que adaptar para sobrevivir, y el cerebro, con su capacidad de pensar y planificar, decide cuál es la mejor manera de hacerlo. Por eso, antes de seguir con el tema emociones y de cómo afectan a nuestro cerebro, debemos tener claro que los sentidos están en el cerebro. Es el cerebro el que ve, oye, degusta, siente, huele, pero la naturaleza se las ha arreglado para que cuando coges un vaso frío, sea tu mano quien sienta ese frío. Esa sensación, como explica el catedrático de Psicobiología Ignacio Morgado, es una ilusión práctica, porque si no sintiéramos que la mano está tocando nada, sencillamente no la alargaríamos. Ver para creer y sentir para ejecutar, básicamente. La prueba contundente de que es el cerebro quién siente el tacto es que, incluso aquellas personas que han perdido una mano en un accidente, todavía siguen sintiendo picor, dolor, cosquillas…, lo que se denomina el síndrome del miembro fantasma.

CEREDATO

¿Puede la realidad virtual engañar al cerebro?

Nuestro cerebro forma su propia realidad basándose en experiencias pasadas e información sensorial, por ello es tan fácil engañarlo con ilusiones ópticas. Cuando ve algo que le suena, inmediatamente está prediciendo qué cree que va a pasar después. Nuestro cerebro está constantemente prediciendo el futuro, y cuanto más predice, más sensación de presencia y realismo nos da. La realidad virtual ha conseguido bastante bien generar esta sensación de presencia en el lugar, lo que hace que nuestro cerebro se confunda.

En Turquía han hecho unas gafas de realidad virtual adaptadas a la forma de la cara de las vacas para que crean que están en los pastos y así aumenten su producción. La noticia decía que se estaba aumentando la producción de 22 a 27 litros de leche y que la vaca estaba más relajada porque pensaba que se encontraba en un pasto. Pero, vamos, como opinión personal, yo invertiría en que pasten en libertad y no en gafas que lo simulen.

Otro ejemplo que me parece más práctico es el de cómo la realidad virtual puede ayudar a reeducar el cerebro de las personas con el sín-

drome del miembro fantasma. El neurocientífico
Max Ortiz Catalán, responsable del laboratorio
de neurorrehabilitación de la Universidad Tec-
nológica de Chalmers, y su equipo escogieron
catorce de los casos más complejos, ya que con
ninguna técnica habían conseguido reducir el
dolor de los pacientes. El experimento tuvo resultados prometedores, ya que la realidad virtual consiguió en gran medida reeducar estos
circuitos neuronales para llevar al cerebro al
momento anterior a la amputación, donde no
existía ese dolor.

No me quiero desviar mucho más del tema de la realidad
porque creo que da para otro libro, así que, volviendo a las
emociones, la pregunta que te puedes estar haciendo ya no es:
¿qué son las emociones?, sino: ¿son reales las emociones o son
imaginaciones nuestras?

La conclusión es que sí, son reales. También es real la
manzana roja y el árbol que se cae en medio del bosque, aunque no lo escuches. Lo que pasa es que todo se construye en
el cerebro de quien lo percibe. Hemos creado una realidad
social común para poder comunicarnos y entendernos, pero
eso no quiere decir que cada vez que estemos enfadados nos
lata más rápido el corazón o frunzamos el ceño.

Lisa Feldman explica que cuando nos enseñan algo
nuevo, como esta imagen, por ejemplo, nuestra amígdala (ese
botón del pánico que tenemos en el cerebro) se vuelve medio
loca intentando averiguar qué es lo que has visto, pero no intenta descifrarlo según lo que ve, sino que tu cerebro empieza

a buscar en recuerdos pasados para ver si se parece a algo que ya hayas visto alguna vez, según tu experiencia.

En psicología, un grupo de objetos que se parecen se llaman categoría, y una representación mental de una categoría, como tu cerebro la interpreta, se denomina un concepto. Por lo que cuando miramos esa foto desconocida, estamos intentando crear un concepto para poder ver una imagen.

Cuando no reconoces nada en la imagen es lo que se llama ceguera experiencial. Sin embargo, si yo ahora te enseño lo que esa imagen realmente representa, cuando la vuelves a ver en blanco y negro ya cobra sentido porque tu cerebro ya puede buscar esa información en tus experiencias pasadas.

Entonces, cuando te late rápido el corazón porque sientes ansiedad tu cerebro está intentando crear un concepto que tenga sentido con las entradas sensoriales, al igual que busca una relación entre la imagen blanca y negra y la imagen real. Y este tipo de alucinación es lo que hace todo el rato tu cerebro. Hace que los inputs sensoriales de fuera de tu cerebro y los inputs de tu cuerpo tengan sentido para construir tu experiencia y guiar tus actos.

¿QUÉ SABEMOS DE LAS EMOCIONES SEGÚN LISA FELDMAN?

- — Las emociones no están implantadas en el cerebro desde que nacemos. Están integradas por el cerebro cuando las necesitamos.
- — Las emociones que creemos leer en otras personas son interpretaciones de tu cerebro de acuerdo con tu propia experiencia. Cuando ves una sonrisa y la interpretas como felicidad o la interpretas como enfado, es porque tu cerebro está intentando leer qué significa esa señal física en un contexto, y ese contexto incluye no solo la situación que nos rodea, sino el contexto de nuestro propio cuerpo, lo que sentimos cuando hacemos eso, porque nuestro cuerpo es el contexto de nuestro cerebro.
- — Somos arquitectos de nuestra propia experiencia. No tenemos un 100 % de control sobre lo que experimentamos, y puede que tampoco tengamos un mínimo de control en el momento, no podemos chasquear los dedos y cambiar cómo nos senti-

mos, eso es muy difícil, pero tenemos control sobre cómo construimos nuestras experiencias cuando comprendemos cómo funciona nuestro cerebro.

¿Somos, entonces, 100 % responsables de nuestras emociones y de nuestra realidad? Pues no del todo. Cuando éramos bebés no podíamos controlar ni elegir la realidad que otras personas ponían en nuestra cabeza, pero de adultos tenemos más posibilidades de elegir a qué nos exponemos y de cambiar aquello que nos han enseñado que era la verdad absoluta, aunque no te digo que sea sencillo. Entender que podemos construir nuestra propia experiencia nos da la libertad o posibilidad de crear una nueva realidad.

MICROCUENTO

Que poética mentira la del corazón, nos hace creer que es el responsable de nuestras emociones. Le hemos atribuido la emoción de la tristeza cuando nos han roto el corazón. La emoción de la alegría cuando tenemos el corazón contento. Hemos nombrado a la angustia cuando nos hemos quedado con el corazón en la mano y hemos evitado al miedo cuando creemos que ojos que no ven, corazón que no siente.

También le hemos dado voz en la verdad cuando hablamos de corazón, o le hemos atribuido la admiración cuando hemos conocido a alguien con un corazón de oro.

Lo hemos mitificado, porque es más sencillo pensar que es así a pensar que tenemos muy pocas respuestas sobre el verdadero responsable de todo esto.

El corazón es poéticamente cerebral. Él late, pero es el cerebro quién se lo pide.

A lo largo de este libro vamos a ir buceando en cada una de las emociones según experiencias personales, historias de mis amistades o familia, conversaciones que escucho en el metro o en la piscina. Este libro no contiene la verdad absoluta, tampoco lo busca. Lo que sí que me gustaría es traer las emociones al consciente, bajarlas a tierra para que sea más sencillo identificarlas, entenderlas y dejarlas fluir.

No te voy a engañar, a veces es doloroso dejar que te atraviese la emoción. Es muy cansado permitirte ser vulnerable. Es más sencillo hablar de tu vida como si fueras espectador en vez de protagonista. Este libro ha sido un reto enorme para mí, porque hago un desnudo emocional íntegro, pero, después de pensar durante muchos años que soy mi peor enemiga, conectarme con mis emociones me ha ayudado a vivir de forma más fiel a mis valores. Cómo me dice siempre mi padre: *vive como te dé la gana, pero duerme siempre con la conciencia tranquila.*

Espero que dejes que este viaje a través de las emociones te atraviese a ti también, que confíes en el proceso. Vas a conocer un universo dentro de ti que tiene ganas de ser explorado. Vamos a dejar de hablar de emociones para comenzar a sentirlas.

EL DESPERTAR DEL AMOR

He tenido la suerte de enamorarme, la constancia para que el amor perdure y la fortaleza para dejarlo marchar cuando se ha terminado. También lo he reventado todo por los aires.

Y es que el amor no es para siempre. Quizá no es este el comienzo que esperabas de un capítulo que trata una emoción que mueve montañas, y menos si estás en plena fase de enamoramiento, así que deja que comience de nuevo.

El amor se va construyendo día a día y, si dejas de trabajarlo, se puede transformar en pereza, aburrimiento, costumbre, engaño, miedo o incluso ira sin que ni siquiera te des cuenta. Bueno, no sé si lo he mejorado mucho. Siento ser tan poco romántica y no decirte que tu media naranja te está esperando y que cuando llegue no habrá nada ni nadie que os separe. Lo que sí que creo es que se puede construir una relación tan fuerte que ninguna de las partes quiera marcharse. Solo que para poder vivir ese amor intenso, real y duradero tendrás que tener conversaciones incómodas, discusiones y mucho diálogo para llegar a acuerdos.

NOTA MENTAL

El mejor acuerdo es aquel en el que no gana ninguna de las dos partes.

Hablando con una grandísima amiga que lleva catorce años con su pareja, le decía que admiro la relación que tiene porque después de tantos años sigue teniendo una vida sexual muy activa. Ella me contestó: *Sí, claro, porque nos lo curramos. Por ejemplo, el otro día nos fuimos un fin de semana, y en el hotel teníamos la posibilidad de coger una habitación con terraza o con una bañera cuadrada en medio de la habitación (🔥 🔥 😌). Ya sabes que yo haría muchísimo más uso de la terraza —es adicta a tomar el sol—, pero, aunque la habitación con bañera era más cara, lo hablamos y decidimos escogerla. Spoiler: salió bien.*

Y es que, aunque haya muchísimo amor, llega un momento en el que hay que fomentar los encuentros sexuales si quieres mantener el deseo vivo. Y para motivarlo hay que tener interés y voluntad. Eso es así. Aunque, ojo, no todo el amor va acompañado de sexo. Hay muchos tipos de relaciones y de modelos relacionales válidos siempre que se traten con respeto, sinceridad, comunicación y confianza. Como ejemplos de esta diversidad del deseo y el sexo podemos encontrar a personas que tienen relaciones de amor muy sanas y bonitas sin necesidad de tener encuentros sexuales; o triejas (relaciones romántico-afectivas o sexuales entre tres personas); o parejas que tienen sexo dentro y fuera de su propia relación y por ello no se quieren menos; o, por supuesto, parejas más convencionales a las que ni se les pasa por la cabeza eso de abrir la relación y por ello tampoco se quieren más.

Durante muchos años hemos vivido creyendo que el amor es la relación entre un hombre y una mujer que se unen en matrimonio con el fin de tener hijos y pasar juntos el resto de su vida. Cualquier otro tipo de relación estaba mal vista, y hasta la homosexualidad ha sido considerada una enfermedad mental en los manuales de psiquiatría hasta hace menos de cuarenta años. Y esto sigue creando polémica incluso hoy.

Yo soy bisexual, me atraen tanto hombres como mujeres, y de pequeña llegué a creer que algo estaba mal dentro de mí. Recuerdo mirar las revistas de moda y pensar: *qué guapa es esta chica*, y a continuación: *ay no, no puedes pensar eso*, y cerrar la revista de golpe. Hasta que un día mi madre, a los catorce años, me recogió del colegio y, volviendo a casa, me preguntó con esa sonrisa que ponen siempre las madres cuando hacen LA PREGUNTA:

—Bueno, y qué, ¿te gusta algún niño?

—No, mamá —le contesté con la misma mirada aburrida de siempre.

No sé qué hizo clic dentro del cerebro de mi madre, pero le estaré eternamente agradecida por lo que me dijo a continuación.

—Hija, siempre te pregunto si te gusta algún chico y me dices que no. Quizá te esté haciendo la pregunta equivocada. ¿Te gusta alguna chica?

—No —contesté sorprendida. Y pensé: *¿Pero puede gustarme?*

Mi referente, mi madre, estaba validando y preguntando como si nada si me gustaba una chica. Es más, incluso se estaba planteando si me estaba haciendo mal la pregunta en vez de asumir que me tenía que gustar un niño sí o sí. ¿Eso significaba que no estaba mal? ¿No había nada roto dentro de mí? ¿No me rechazaría por ello?

Quiero tranquilizar a quien, al leer esto, se haya alterado pensando que esa pregunta desembocó en una lujuria desenfrenada con mil mujeres y que si mi madre nunca me lo hubiese preguntado la posibilidad de que me gustasen no existiría. Esa pregunta no me hizo ser lesbiana, bisexual o hetero.

Esa pregunta me regaló el poder de explorar mi sexualidad sin sentirme culpable de ello. Esa pregunta tan tonta me hizo libre. Esa pregunta fue un acto de amor por parte de mi madre.

Es importante que cada persona sea dueña de su sexualidad, y para ello necesitamos sentirnos protegidos y guiados por aquellas personas que nos enseñan. Y es que el amor también consiste en apoyar a quien amas por mucho miedo al «qué dirán» te dé su manera de querer.

Entiendo que quizá no tengas la confianza de hablar con tu hijo o hija directamente como habló mi madre conmigo, cada relación es diferente, pero intenta no sentenciar lo que tú esperas que le guste. Como madre o padre tienes la llave para abrir la puerta y que no tenga que reprimir su sexualidad, fomentando así una evolución más natural y fácil. Se pueden cambiar tantas cosas quitándole el género a preguntas sencillas como, por ejemplo: *¿Te gusta alguien?* o *Cuando tengas pareja me encantaría que me la presentaras.* Aunque esto te parezca una tontería, no asumir que a tu hijo le tengan que gustar las mujeres y a tu hija los hombres por norma es una manera de no reprimir aquello que puede estar sintiendo.

Vaya lío esto del amor, y ni siquiera hemos entrado en materia. Os he contado mi vida, as always y porque sí, como siempre digo en Instagram antes de daros la chapa con alguna reflexión de algo que me haya pasado en el día a día, pero no hemos hablado sobre qué opina la ciencia de esto.

Pues bien, el amor es uno de los fenómenos más estudiados y a la vez menos comprendidos por la ciencia. A día de hoy sabemos mucho, pero a la vez muy poquito.

Antes de seguir quiero ser sincera contigo. Investigando acerca del amor para escribir este capítulo me he dado cuenta de que la visión científica le quita mucha de la magia que tiene. Es como bajar a tierra una emoción que te tiene por las nubes. Pero también es cierto que, entendiendo lo que supone el amor desde un punto de vista objetivo, podemos vivir relaciones de una manera más sana. Así que a continuación nos vamos a meter de lleno en la neurobiología del amor. Un consejo: coge de este capítulo lo que te ayude a crecer y no pienses en ello como una verdad absoluta.

———— ◯ **CEREDATO** ◯ ————

Lo primero que tienes que saber es que, aunque olemos con la nariz, comemos con la boca, oímos con las orejas o vemos con los ojos, toda la información se procesa en el cerebro.

Cuando esta información de los sentidos llega al cerebro, a excepción del olfato, hace una primera parada en el tálamo. El tálamo es una de las estructuras más grandes e importantes a nivel cerebral, ya que, entre otras funciones, se encarga de recoger la información sensorial, escoger los datos que le parecen más importantes y mandarlos a la corteza cerebral, donde la información se sigue procesando, pero de manera consciente.

El olfato, por su parte, no hace parada en el tálamo, sino que va directamente al sistema límbico, que es la parte del cerebro que se encarga de gestionar las emociones. Aparte, en el sistema límbico se encuentra el hipocampo, que es la estructura que se encarga de almacenar y recuperar recuerdos, y la amígdala, que se encarga de ayudarnos a procesar emociones. Por eso eres capaz de recordar y volver a sentir sensaciones pasadas cuando hueles algo, aunque haga mucho tiempo desde la última vez que lo oliste.

Es muy difícil enamorarse de alguien si no te gusta su olor. Para entender el porqué, un estudio publicado en *Nature Research* analiza la relación entre el olor y el sexo en parejas heterosexuales.

Cada persona tiene un olor tan único como su huella dactilar, por eso los perros policía son capaces de rastrear a una persona específica a través de su camiseta. Otra de las características curiosas del olor es que, de alguna manera, da pistas sobre cómo es nuestro sistema inmunitario. ¿Y esto qué tiene que ver con el sexo? Pues que cuando te atrae sexualmente una persona por su olor significa que su sistema inmunitario es diferente al tuyo, lo que quiere decir que lo complementa. ¿Y por qué es importante que el sistema inmunitario de tu pareja sea diferente al tuyo y lo complemente? Por los antígenos leucocitarios humanos (el HLA). Según los datos de la Biblioteca Nacional de Medicina (NIH), *estas proteínas ayudan al sistema inmunitario del cuerpo a diferenciar entre sus propias células y sustancias extrañas y dañinas.* Es decir, nos ayudan a estar sanos. Así que cuando te atrae mucho cómo huele una persona es porque sus HLA son diferentes a los tuyos y, a la hora de procrear tendrías cachorros más fuertes. Que no quiere decir que haya que procrear, para algo inventamos los condones, pero esa es la evidencia científica de nuestro pensamiento más primitivo. Es fuerte, ¿no?

Pero es que hay más. Rachel Sarah Herz, una psicóloga y neurocientífica cognitiva reconocida por su investigación sobre la psicología del olfato y su relación directa con el sexo, ha realizado varias investigaciones donde afirma que si tradicionalmente las mujeres se han sentido atraídas por hombres que son genéticamente diferentes a ellas (que, como hemos dicho, perciben a través del olor), cuando toman la píldora anticonceptiva su sentido del olfato se distorsiona y pueden preferir a hombres con genes similares e incompatibles. Esto puede hacer que la mujer tenga problemas de fertilidad o que juntos puedan tener bebés menos sanos (en caso de llegar a procrear, claro).

NEUROBIOLOGÍA DEL AMOR

Nuestro cerebro está lleno de neuronas que se comunican entre sí, y esas neuronas envían la información a través de neurotransmisores, que son como unas puertas al final de un pasillo que se abren o se cierran para que la información pueda pasar de una sala a otra dependiendo de lo que se necesite. Dentro de la complejidad del cerebro y del amor, Helen Fisher, neurobióloga y antropóloga, lleva más de treinta años estudiando los circuitos cerebrales del amor en diferentes culturas, edades y género. Sus investigaciones dicen que hay tres circuitos cerebrales activos cuando amamos y que son independientes uno del otro. Es decir, pueden estar los tres activos a la vez o activarse de forma independiente. Empieza el juego:

- **El circuito cerebral del deseo sexual:** este circuito te hace buscar personas (una o varias) que te parezcan atractivas para tener relaciones sexuales sin compromiso relacional. Ese *power* que te entra para comerte la noche, salir a ligar con confianza y creerte la diosa o el dios que eres se da porque las hormonas de la testosterona y los estrógenos dominan la situación. Y es que la testosterona (también producida por las mujeres, aunque la creencia general sea que solo la producen los hombres) se relaciona con el gusto por el riesgo. Esto explica muchas cosas que te has atrevido a hacer, sobre todo en tus épocas de soltería, ¿no?
- **El circuito cerebral del amor romántico:** es el que te permite centrar toda tu energía en una sola persona. Aunque luego vamos a entrar de lleno en ello, tenemos que saber que, cuando entras en esta fase de enamoramiento, tu pensamiento lógico se apaga. Así, directamente. Tu razonamiento y tu planificación se van al garete y tu deseo y obsesión por esa

persona amada aumentan muchísimo. Aquí empiezas a liberar dopamina (comúnmente conocida como hormona de la felicidad) como si no hubiese un mañana y sientes que puedes dominar el mundo. O no, en realidad te da igual. Solo quieres estar con ese ser que hace que tu vida sea increíblemente maravillosa y por nada del mundo quieres dejar de sentirlo. Este circuito cerebral está muy cerca de la fábrica de sed y hambre del cerebro, por eso es fácil tener esa falsa sensación de desazón de *es que sin esta persona no puedo vivir* cuando estamos en este estado.

- **El circuito cerebral del apego:** si este sistema está activo, tus niveles de dopamina vuelven a su estado natural y se incrementan los niveles de serotonina y oxitocina para que puedas volver a dedicar tiempo a otros aspectos de tu vida que también son importantes. Por otro lado, comienzas a liberar vasopresina, que es la hormona relacionada con la fidelidad, para que esa persona se mantenga en tu vida por mucho tiempo. (Ahora puedes entender por qué cuando tu colega se echa pareja desaparece de la faz de la tierra, pero al cabo del tiempo siempre vuelve).

La verdad que visto así, escrito en tres párrafos, parece que el amor es coser y cantar, pero luego los humanos tenemos la maravillosa habilidad de enredarlo todo. Dividirlo todo en sexo, amor y cariño es demasiado sencillo para la cantidad de relaciones que existen a día de hoy, pero tener una visión general del asunto no es un mal comienzo.

Estos circuitos cerebrales del amor funcionan de manera conjunta, pero también de manera independiente, porque puedes sentir amor romántico, deseo sexual y apego por una persona. Pero también puedes sentir solo apego, o un amor romántico muy fuerte, pero sin deseo sexual, o deseo sexual y apego, o solo deseo sexual. ¿Me explico? La cuestión es que cuando la mayoría de las personas hablan del amor se están refiriendo al amor romántico, pero las variables en realidad son múltiples.

Vamos a explorar un poco más cada una de estas formas de amar una a una en el orden de importancia en el que suelen darse en el desarrollo cronológico de una relación.

DESEO SEXUAL

Aunque a veces seguimos teniendo muy arraigadas las creencias del pasado y vinculamos el amor al compromiso, a ese *te presentaré a toda mi familia, viviremos juntos y te amaré por siempre,* también se puede sentir amor hacia una persona con la que solo tienes sexo.

He tenido sexo con amigos a los que amo profundamente, pero tenemos claro que nunca tendríamos una relación de pareja. Y les he dicho *te quiero* mientras manteníamos relaciones porque realmente lo hago, los quiero. Y eso no significa que quiera casarme y vivir con ellos o tener hijos. Significa que me preocupa que estén bien, que los respeto y que estoy aquí si necesitan hablar. Y es real. Significa que cuando alguna de las dos partes tenga pareja no quiero que desaparezcan de mi vida, porque en nuestra relación el sexo es algo completamente prescindible si mantenemos la amistad.

Incluso con un lío de una noche puedes llegar a sentir una conexión especial y sentir amor sin que eso implique que quieras repetir o tener una relación con esa persona. El sexo es un canalizador brutal para las emociones, pero los miedos y las expectativas que nos marcamos bloquean todos esos sentimientos que no creemos correctos, como por ejemplo decir *te quiero*, ya que puede que la otra persona salga corriendo.

El miedo al *te quiero* (sobre todo cuando empiezas una relación de amor romántico) es algo generalizado. En mi opinión, nos da ese pavor porque sentimos que nos hace vulnerables, que expresarlo nos hace ceder el control a la otra persona y, como dijimos en el capítulo 1, el cerebro prefiere siempre no ganar a perder. Sin embargo, en el amor tienes que soltar el control si quieres sentir el maravilloso rebujito hormonal que tu cerebro te tiene preparado.

Si finalmente decides jugar y asumir el riesgo, es fundamental que seas consciente de lo importante que es escuchar a la otra persona, pero también escucharte a ti. Así, ese *te quiero* no implicará ceder los mandos de tu nave, sino solo compartirlos para disfrutar de la experiencia.

Para ayudarte en ese viaje me gustaría proponer un ejercicio. Yo lo llamo *la gráfica sexorial.* A través de los sentidos vamos a analizar qué nos gusta en el sexo. Lo puedes hacer a solas o en compañía, lo que más te apetezca. Simplemente tienes que evaluar del 1 al 10 (siendo 1 muy poquito y 10 muy muchito) qué cosas relacionadas con el sexo te gusta hacer. Por ejemplo, con la vista: estriptis, hacerlo delante de un espejo... Con el gusto: jugar con comida, dar besos, pasar la lengua... Con el oído: susurrar, poner música... Con el tacto: dar masajes, azotes, jugar con frío o calor... Con el olfato: usar esencias o velas, oler a la persona...

Me parece interesante para tener claro qué te gusta y que estás haciendo porque le gusta a la otra persona, y poder así tener relaciones sexuales más sinceras, sobre todo contigo.

	👁	👄	👂	✋	👃
10					
9					
8					
7					
6					
5					
4					
3					
2					
1					

ENAMORAMIENTO

Si te has enamorado alguna vez puede que hayas sentido que el mundo se para y empieza a girar en torno a tu amor. No hay nadie en el mundo igual, esa persona es especial. Sus gestos te encantan. Su olor, uy, su olor, olfatearías a su alrededor todo el día. Su manera de hablar te maravilla, el tacto de su piel te fascina. Las películas que te ha recomendado son las mejores que has visto en la vida. Tu humor cambia y eres la persona más amable del universo. Cada vez que suena el móvil te late más fuerte el corazón pensando que te ha podido escribir. Tu subconsciente sabe que puede que haya cosas de esa persona que no te gustan, pero lo ignora completamente. Se puede decir que tienes hasta un poquito de dependencia emocional. Por no hablar de la atracción física, que tenéis que conteneros por las esquinas para no comeros a besos. ¿Te suena algo de esto? Es porque en el amor romántico (o fase de enamoramiento) hay tres características básicas: la obsesión, la conexión y la conquista.

Tienes todo el día a esa persona en mente y, aunque puede que tengas un deseo sexual muy fuerte hacia él o ella, lo que realmente ansías es ese mensaje de buenas noches, es saber qué está pensando en ti, que te llame cuando se lo está pasando bien porque te recuerda. Y es que toda tu motivación está puesta en la *conquista* de esta persona. Nos puede sonar muy antiguo, pero realmente estamos luchando de alguna manera para conseguir nuestro premio: la mejor pareja para aparearnos (aunque no sea con fines reproductivos). Sí, tan primitivo como eso. ¿Entendéis ahora cuando decía que entender la neurobiología del amor le quita un poco de magia?

────── ◯ CEREDATO ◯ ──────

¿Alguna vez has visto a tu pareja y has pensado: *Siento tanto amor que quiero morderle un brazo o apretar muy muy fuerte su cabeza*? ¿O has visto al bebé de tu amiga y es tan monísimo que tienes que apretar los puños muy fuerte porque si no le estrujarías esos mofletes tan regordetes que tiene?

Un estudio hecho en 2013 por las psicólogas Rebecca Dyer y Oriana Aragón en la Universidad de Yale denomina estos impulsos amorosos como *agresión tierna*. Y es que hay veces que sentimos de forma tan intensa nuestras emociones que nos desbordan y estas expresiones que en principio parecen negativas (estrujar a una persona o morderle un brazo) ayudan a regular unas emociones que están siendo abrumadoras (el amor y pasión que sientes hacia ellas). Así que se puede decir que estas agresiones tiernas son un tipo de herramienta instintiva e inconsciente para liberar toda esa tensión y dejar así fluir la emoción más tranquilamente.

Por si acaso te has saltado algún capítulo hasta llegar hasta aquí, te repito que el cerebro no funciona por bloques, sino que funciona por las conexiones neuronales, que van pasando información de una parte a otra. Pero lo que sí pasa es que, dependiendo de lo que estés haciendo o sintiendo, habrá áreas que estén más implicadas que otras. Pues bien, cuando

entras en la fase del enamoramiento tu cerebro tiene un desequilibrio hormonal alucinante (intentando no quitarle ro-
manticismo a la cosa) y, al igual que tú, estas áreas se vuelven
loquitas.

— **El sistema de recompensa:** en el capítulo 1 hablamos sobre cómo nuestro cerebro considera una recompensa todo aquello que nos genera interés y libera dopamina cuando ve cerquita la recompensa
para que te motives y mantengas una actitud positiva, que es la manera de que vayas a por esa recompensa. Ahora sabes por qué sientes que eres capaz
de cualquier cosa por amor. Tu cerebro libera dopamina como si no hubiese un mañana para que quieras volver a hablar y a ver a esa persona.

— **El área tegmental ventral:** este conjunto de neuronas lleva información sobre la emoción y la motivación a distintas partes del cerebro mediante ¿qué
hormona? Efectivamente, tiene muchos neurotransmisores de dopamina; un chute más por si tenías
poquita. Y, sobre todo, lleva esta información al núcleo accumbens, del que ya hemos dicho que es el
punto de adicción del cerebro, que siempre quiere
más y más dopamina. Por eso tienes tantas ganas de
ver a tu pareja, porque tu núcleo accumbens recibe un
chute cada vez que la ves, así que te motiva para que
la veas cada muy poquito y te hace sentir increíblemente bien cuando lo haces. Tonto el cerebro no es.

— **La corteza prefrontal:** y aquí viene el motivo por el
cual puedes llegar a hacer locuritas por amor. Y es

que el área que se encarga de la organización, gestión, toma de decisiones, etcétera, por decirlo de una manera sutil, se ralentiza. Vamos, que se va de vacaciones sin avisar de cuándo va a volver. Por eso cuando estás en plena fase de enamoramiento tomas decisiones un poco más impulsivas e incluso irracionales. Helen Fisher recomienda esperar un par de años antes de tomar decisiones importantes como casarte o tener hijos con tu amorcito, porque mientras conoces a la persona esas áreas volverán a reconectar y podrás ver las cosas realmente claras. Así que, cuando te digan que el amor es ciego, puedes decir que no es para tanto, pero que sí se te ha ralentizado un poco la corteza prefrontal.

MICROCUENTO

El miedo al rechazo crecía cada vez que de su boca se callaba un *te quiero*. No se atrevía a decir en alto lo intensamente atraída que se sentía hacia él, aunque su manera de mirarlo desvelaba todo lo que su boca no era capaz de pronunciar. Por la cantidad de horas que pasaban sus cuerpos unidos y sus miradas entrelazadas, ella sabía que él sentía lo mismo.

Su olor, su mirada, su manera de acariciar... Esos besos eternos que sabían a segundos. No había nada suyo que le molestase y si algo intuía era capaz de ignorarlo nadando de nuevo en sus ojos.

¿Cómo es capaz alguien en tan poco tiempo de inundar la mayor parte de mis pensamientos?, se preguntaba mientras sonreía porque en su WhatsApp había una notificación de mensaje:

Sticker: ¿por qué no te sales de mi mente y te metes en mi cama?

Estaban cayendo en algo que ninguno de los dos esperaba. Es más, qué inoportuno el amor, que suele llegar cuando has dejado de buscarlo (por lo menos conscientemente). Cuando mejor estás, *zas*, cruce de pupilas, intercambio de palabras, y listo. El cerebro ya está planificando el resto.

Siento que contigo se me desconecta el lóbulo prefrontal, soltó tímidamente fundiéndose con su piel mientras le acariciaba la mejilla ruborizada. Él sonrió ligeramente sin saber muy bien lo que eso significaba mientras le apartaba suavemente el pelo de la cara. *Te quiero*, se le escapó a sus labios. *Te quiero*, contestó ella sin dudar.

¿Y qué pasa cuando se acaba la fase del enamoramiento? ¿Se acaba el amor? No tiene por qué. Una cosa es la fase del enamoramiento y otra muy distinta el amor.

EL APEGO

Según Helen Fisher, la fase del enamoramiento dura aproximadamente unos dos años, pero hay diversos estudios que dicen que dura menos. Lo que está claro y en lo que concuerda la ciencia es que esta bomba de hormonas no te va a durar toda la vida. El proceso natural es que una vez pasemos esta fase entremos en la fase del apego, un amor más maduro y real, porque vuelves a tener los pies en la tierra. Es en esta fase donde se crean vínculos afectivos y de confianza, donde se asientan unas bases en la relación, donde se ponen límites y se gestionan expectativas.

Es entonces cuando aquellas personas que ya no sienten un fuego constante en su interior construyen la relación para llevarla al nivel de *ser felices y comer perdices* (bueno, la realidad sería que son felices, discuten y trabajan sus diferencias, debaten, se comunican, son felices de nuevo, se esfuerzan para que su relación sea sana, lloran sus penas, se consuelan, se ríen de los problemas...) Me entiendes, ¿no? Llegar a este punto no quiere decir que la relación vaya a durar para siempre, solo durará mientras siga aportando algo a las dos partes. Es importante saber soltar cuando el esfuerzo se convierte en sacrificio.

Aunque es una fase importante de la relación, algunas personas se desilusionan al llegar a ella porque de alguna manera parece que antes todo era perfecto, no había nada malo (o no lo veías porque el amor no es ciego, pero ya sabemos lo que pasa en nuestro lóbulo prefrontal), y por primera vez se encuentran con la dura realidad de que el amor hay que trabajarlo para que dure. Al notar que ya no es tan bonito ni tan apasionado, piensan que no es amor y saltan del barco. En realidad lo que sucede es que dejan de sentir toda esa dopamina fluyendo por su cerebro, así que deciden ir en busca de una nueva misión.

Yo no puedo decirte cómo vivir tu vida, ni mucho menos cómo interpretar el amor, pero si de alguna manera has sentido que este párrafo te representa te recomiendo que tengas la responsabilidad afectiva de hablarlo con tu pareja antes de desaparecer.

En el otro extremo de este caso están las personas que lucharán hasta morir de amor, aunque las *red flags* y alarmas estén sonando continuamente. Son gente que se aferra tanto a lo que fue, a lo que sentían cuando estaban en la fase de enamoramiento, que estiran el chicle hasta romperlo. Ahí empieza el peligro porque es donde comienzan las relaciones tóxicas y llegan las decepciones, el desgaste, la espera...

Como puedes intuir, no creo en la media naranja ni en el príncipe azul. Esos mitos nos hacen pensar que la persona responsable de nuestra felicidad llegará y todo será perfecto, que encajaremos como dos piezas de un puzle que llevan buscándose toda la vida sin mayor esfuerzo que el de existir. Si crees esto, cuando encuentres esa supuesta pieza complementaria e ideal harás todo lo posible por mantenerla, aunque te pierdas por el camino, porque si crees eso, pensarás que si se va tu mitad se llevará tu felicidad y cederle a alguien algo tan tuyo es peligroso.

NOTA MENTAL

Aprender a soltar es igual de importante que mantener aquello que te importa.

Cuando tenía diecisiete años, en plena fase de enamoramiento, mi primera pareja me dijo algo que no voy a olvidar nunca: *Si un día lo dejamos me muero, pero lo que más me duele de todo es que sé que no me voy a morir.* Él era un romántico, sí, pero yo sentía lo mismo. En ese momento no imaginaba una vida sin él. Spoiler: efectivamente, lo dejamos y nadie se murió. Sufrimos, sí. Mucho. Pero crecimos y evolucionamos, y estoy segura de que a día de hoy los dos somos mejores personas por separado de lo que hubiésemos sido juntos.

MICROCUENTO

Estaba veraneando en Galicia y quería subir a un mirador muy bonito, pero ya me habían advertido que casi todo el mundo que intentaba ir y no conocía el terreno se perdía. *Quien tenga miedo a morir que no nazca*, pensé. Metí la dirección en Google Maps y con mi Seat León al fin del mundo. Al principio todo era precioso, unos caminos mágicos entre el bosque por carretera de asfalto. Nos metimos en un pueblito con calles estrechas, pero, bueno, seguimos adelante. Si nos lo indicaba Google Maps nada podía salir mal. De una calle del pueblo salía una cuesta bastante empinada que acababa en curva, pero el suelo era de hormigón, así que seguimos. Al pasar la curva nos metimos directamente en un camino bastante empinado repleto de piedras, badenes de arena y troncos en el cual no podía dar marcha atrás; si no tiraba hacia delante el coche volcaría. Seguí y conseguí no morir en el intento. Después de superar esa primera cuesta del diablo pasamos un badén bastante alto, con miedo de dejarnos los bajos del coche. No podía quedar mucho más. Pero sí. Pasamos otros tantos badenes subiendo en cuesta con el coche entre primera y segunda. Al ser un camino de tierra al coche le costaba subir y nos daba miedo quedarnos encallados. Obviamente seguíamos con esperanzas de que la carretera mejorase en la siguiente curva.

¿Qué pasó? Lo que habrás pensado ya: en un acelerón empezó a salir humo blanco del coche y un olor a plástico quemado horrible... Estaba quemando el embrague. No tuvimos más narices que parar, dejar que el coche se enfriase un poco y, aunque nos quedaban 600 metros (según Google Maps) para llegar a nuestro destino, decidimos dar la vuelta y abandonar.

A mi coche no le pasó nada, cosa que me alegró, porque sentí miedo por él. En ese momento pensé: *¿Por qué narices no te has dado la vuelta antes? ¿Por qué has tenido que esperar a casi reventar el embrague para decidir parar si sabías que seguir no era un buen plan?*

Si tenemos una relación que ya no funciona, pero nos obstinamos en seguir en ella, es por culpa de la *falacia del costo irrecuperable o hundido*. ¿Qué? Pues eso, que es otro error de tu cerebro por intentar ahorrar energía. Hay un fallo en nuestra manera de razonar que nos hace mantenernos abrazados a proyectos sin futuro. ¿Te suena de algo?

Casi todo el mundo ha podido experimentar esa sensación de querer luchar hasta el final, de no querer darse por vencido con algo, aunque sepas que realmente no merece la pena o que es una causa perdida. Nos aferramos a la esperanza de tener ese golpe de suerte que nos ayude a encontrar la tecla adecuada, nos enganchamos a esa idea de que la situación puede cambiar repentinamente (como en el microcuento, yo esperaba que la carretera mejorase en la siguiente curva).

Esta falacia la podemos ver representada también, por ejemplo, cuando una persona lleva varios años estudiando una carrera, pero está amargada. Esa persona sabe que no es lo que le motiva en la vida, pero ¿cómo va a dejarlo ahora? Otro ejemplo son los proyectos profesionales donde has invertido dinero y esfuerzo. A veces sigues luchando e invirtiendo en ellos aunque estén destinados al fracaso.

Mucha gente habrá tenido esta experiencia de haber estado muchos años en una relación y saber que no vas a ninguna parte, pero cambiar de rumbo es muy costoso porque vuestras familias se llevan bien, tenéis amistades en común, su hermana ya es tu amiga... Vamos, que todo va bien en tu relación menos tu relación en sí. Al final, la falacia del costo hundido es un sesgo que no te deja desprenderte de algo por el apego emocional que tienes con ello. Esto implica hacer muchísimos esfuerzos por algo que ya no te da felicidad. Los pensamientos de *he invertido mucho para llegar hasta aquí, ahora no puedes abandonar* te acaban comiendo y terminas pagando precios muy altos por no gestionar bien la frustración.

Por si no fuese ya difícil gestionar una relación entre dos personas, quiero rizar más el rizo y me voy a meter en un embolado en el cual no soy experta, así que pido disculpas por si digo alguna burrada, pero del que creo que es necesario hablar en este capítulo: el poliamor, o la capacidad de los seres humanos de mantener relaciones sexo-afectivas o románticas con más de una persona.

En el capítulo 1 ya mencioné cómo el neurocientífico Sebastian Seung denominó a las neuronas de forma divertida como *células poliamorosas*, ya que desde su redondo cuerpo o soma extiende un abundante conjunto de ramificaciones con las que abraza a otros miles de neuronas. A los seres humanos, sin embargo, nos cuesta un poco más que a las neuronas establecer estas relaciones múltiples.

En mi opinión, el poliamor, si te encaja, es una filosofía mucho más sincera de vivir una relación, pero también mucho más complicada. Fisher hizo un estudio con 5.000 personas estadounidenses y el 68 % de todas ellas lo veían bien, pero solo el 6 % lo habían practicado. Este tipo de relaciones son difíciles de llevar a cabo porque cuando estás enamorado te enseñan que tienes que ser posesivo con tu pareja, proteger lo que es tuyo. El animal humano es un animal celoso de lo suyo, y hay que trabajar muchísimo el ego para poder establecer una relación poliamorosa. Por eso la comunicación es básica.

Yo, por ejemplo, tuve una relación abierta y murió de teoría porque, como decía arriba, hay que hablar muchísimo, llegar a acuerdos, gestionar celos, miedos, inseguridades, autoestima, ego... Pero, aunque terminó, es la relación con la que más he aprendido y la experiencia más sincera que he vivido.

Personalmente, de entre todos los tipos de modelos relacionales que existen, con el que me siento más cómoda es con el poliamor jerárquico. Es decir, tener una pareja, crear vínculos familiares, hacer la cucharita por las noches, confiarle mis éxitos y mis traumas, tener nuestras bromas internas... Pero luego tener la opción de mantener relaciones sexuales fuera de la pareja. Se puede vender todo lo bonito que se quiera, pero ya te digo que fácil tampoco es.

Gracias a la ciencia podemos entender que, aunque haya personas que no conciban el deseo sexual sin el enamoramiento previo (totalmente respetable), es posible estar enamorada de una persona y tener deseo sexual hacia otra. Y es que hay una creencia generalizada por la cual se piensa que solo se tiene sexo fuera de la relación cuando algo malo pasa dentro de ella (quizá porque esa sea la base de la infidelidad), pero tu cerebro no tiene por qué entender el amor y el sexo como un todo.

Algunas de las áreas del cerebro que se activan con el deseo sexual se encuentran en una zona llamada ínsula anterior, que está muy asociada a estímulos que nos dan placer. Sin embargo, es la ínsula posterior la que se activa con el amor

romántico, haciéndonos sentir ternura y permitiéndonos se-
leccionar con qué persona queremos comprometernos. Científicamente se puede amar profundamente a una persona y
tener sexo con otra sin que eso afecte a tu relación. El cerebro
está preparado para ello, pero los seres humanos no. Pero hablaremos más en profundidad de los celos y la gestión del ego
en el capítulo 6.

Como he dicho antes, el poliamor me parece una forma
más sincera de vivir una relación, pero es agotador estar en
constante evolución y cambio. Puede ser muy divertido cuando tú tienes el control porque tienes la certeza de que las posibilidades de enamorarte de la otra persona con la que estás
teniendo sexo son casi nulas, pero cuando es tu pareja quien
se acuesta con alguien no tienes esa certeza, por lo que hay
una gestión de celos y autoestima muy grande que hacer. Por
eso un porcentaje muy alto de la población (alrededor del 60 %
en hombres y el 40 % en mujeres según los estudios de la psicóloga Belén Tomé Ayala) deciden tomar el camino corto y
apostar por un poliamor unidireccional, vamos, que yo te pongo los cuernos y tú no te enteras. Todos felices. No, mi ciela,
eso es engañar.

Hay miles de maneras de tener relaciones. En este libro
no puedo contarlas todas, pero sí me gustaría que se enten-
diese que la infidelidad no es el camino. Si sientes que la monogamia te funciona, de verdad, enhorabuena, creo que te has
quitado un gran marrón y muchas horas de conversaciones.
Pero si sientes que algo no encaja, investiga. Si sientes que
tienes otra forma de amar que no es la que has vivido en casa
o has visto en las películas, háblalo. No te vayas por el camino
de la infidelidad porque a la primera persona que estás enga-

ñando es a ti, y volver a reconstruir quién eres puede costarte muy caro.

NOTA MENTAL

Para tener relaciones sanas, tienes que tener conversaciones incómodas.

Si tienes más de treinta años, podrás estar pensando: *Madre mía, cómo ha cambiado la manera de tener relaciones,* y no te equivocas. La manera de ligar y de relacionarnos ha cambiado mucho. No solo porque ahora un porcentaje altísimo de gente se conoce en aplicaciones móviles, que también, sino porque con la incorporación de la mujer al mundo laboral han cambiado los roles. Antes (y no hablo de hace tanto tiempo), la misión más importante que se nos encomendaba a las mujeres era la de tener y educar hijos, tener la casa limpia y la comida caliente para cuando llegase el macho alfa, que era quien traía dinero para mantener a la familia. Ahora la mujer tiene un puesto en la sociedad y no se le hace creer que necesita un hombre que la mantenga, por lo que, en general, se antepone la carrera y la vida profesional a la boda. Y por si fuera poco los sueldos actuales complican bastante irse a vivir solo antes de los treinta, así que vivir en casa de tus padres complica un poco la posibilidad de tener una relación estable.

LA LISTA DE LA COMPRA PARA ELEGIR PAREJA

A la hora de enamorarnos el factor cultural es clave. A medida que vamos creciendo creamos una lista inconsciente sobre lo que buscamos en una pareja: edad, aspiraciones, contexto sociocultural y socioeconómico, espiritualidad, educación... Hace cincuenta años la realidad que vivías en tu casa era la que creías que existía en el mundo, pero gracias a internet estamos interconectados, lo que nos da la posibilidad de descubrir realidades paralelas de una manera muchísimo más sencilla. Puedes ver en TikTok a una pareja contando sus aventuras en el poliamor, a una pareja heteronormativa con hijos hablando de su día a día, a una pareja de lesbianas que viven juntas, a una pareja de personas asexuales que se quieren lo más grande o a una trieja que habla de su gestión emocional. Ahora puedes encontrar maneras de vivir tan diversas que es más fácil que te sientas identificado con tus gustos sin sentir que algo no encaja.

Helen Fisher ha centrado gran parte de su investigación en saber si la biología básica de nuestros cuerpos hace que te atraigan unas personas antes que otras (eso sin contar por qué siempre te gusta el tóxico o por qué tienes el complejo de querer salvar a la gente, que deberías tratarlo en terapia). El cerebro de cada persona, como su olor o su huella dactilar, es único y está lleno de circuitos que hacen cosas increíbles, pero en su mayoría se encargan de que sobrevivas sin que tú te tengas que preocupar por ello (parpadeando, respirando o haciendo que te lata el corazón, por ejemplo).

Fisher se quiso centrar en aquellos circuitos cerebrales que, de alguna manera, estaban relacionados con rasgos de personalidad. Definió cuatro: sistemas de dopamina, serotonina, testosterona y estrógenos. Con esto sobre la mesa hizo una encuesta a través de una app de citas a más de 14 millones de personas en 40 países en la que incluyó todos estos rasgos. Cuando haces el test, te dice qué sistema tienes más desarrollado, y es que aunque los cuatro circuitos estén presentes en tu cerebro, siempre hay alguno que desarrollamos en mayor medida que otro. En base a estos desarrollos de los distintos circuitos, Fisher hizo estas cuatro definiciones:

— Exploradores: si tu sistema de dopamina es el más alto de todos, se te clasifica como una persona exploradora, en busca de la constante novedad, aunque eso conlleve un poquito de riesgo. La curiosidad siempre está presente en tu vida y eres creativa, espontánea y enérgica. Eres de mente flexible y habitualmente sientes atracción por personas con estas características. La dopamina llama a la dopamina.

— Constructores: si eres un tipo de persona con los sistemas de serotonina más altos, eres más convencional, más tradicional. Te gusta seguir las normas y respetar a la autoridad. Eso de planificar horarios y rutinas se te da de miedo. La espiritualidad (en cualquiera de sus formas) es algo importante en tu vida, y se te puede clasificar como una persona que construye. También te atraerán las personas con más serotonina.

— Directores: en el sistema de testosterona alto destacan los hombres, pero también hay mujeres. Este tipo de personas se caracterizan por su capacidad analítica y lógica. Son directas, decisivas, tenaces y escépticas. Buenas capacidades en matemáticas, ingeniería o música. Y se ven atraídas normalmente por personas con alto nivel de estrógeno.

— Negociadores: si el más alto es el sistema de estrógenos, tendremos a personas negociadoras natas. Suelen ser mujeres. Tienen mucha imaginación, se les suele dar muy bien leer el lenguaje no verbal de las otras personas (los gestos, el tono de voz, la postura...). Suelen ser muy cariñosas y confiadas, y expresan sus emociones de forma muy natural. Encajan muy bien con el sistema de testosterona.

Dicho esto, calma, no limites tu vida a decir *yo soy serotonina pura* y te encasilles en una etiqueta. Todo el mundo tiene un poco de estas personalidades en distintos niveles. Es cierto que suelen predominar unos rasgos frente a otros, pero somos animales flexibles y, dependiendo de tus circunstancias, puedes pasar de un sistema dominante a otro. Todas estas categorizaciones no deberían sentenciar tu manera de pensar o vincularte con otra persona. Te pueden ayudar a conocerte y a entender ciertos aspectos de tu vida, pero esto es como el horóscopo de la ciencia o los eneatipos, que te puedes sentir reconocido por características genéricas, pero no deberías llevarlo al límite y decir: *Nunca saldría con un cáncer, con un eneatipo 3 o con un testosterónico.* ¿Entiendes?

Quería compartir esto porque hay características y rasgos de personalidad que no deberías cambiar por otra persona. Si eres una persona curiosa a la que le gusta la aventura y entras en fase de enamoramiento con otra muy tradicional y escéptica puede que superéis la fase y entréis en la de apego. Pero si dejas de lado tu naturaleza aventurera para cumplir las normas por la felicidad de otra persona, acabarás sufriendo. Es la diferencia entre el esfuerzo y el sufrimiento. Todo el mundo en una relación se tiene que adaptar y ceder. Es decir, te va a tocar soltar, pero aunque debemos ser flexibles, no deberíamos perder nuestra esencia.

AMOR PROPIO

Antes de terminar este capítulo y para ir entrando despacito en la emoción de la tristeza me gustaría hablar del amor propio.

Quiérete, empodérate, sonríe para ser feliz, tú realidad la construyes tú, no hay límites, si no te quieres tú no te va a querer nadie. Este tipo de mensajes llenos de positividad tóxica nos bombardean invalidando nuestras emociones e impidiéndonos avanzar. Nos han hecho creer que una persona que tiene amor propio es fuerte, segura, independiente, imbatible. Nos enseñan el éxito sin mostrar todas las piedras que hay en el camino.

Te cuento un secreto: el amor propio también duele. Tomar la decisión adecuada a veces se siente como si nos arrancaran un cachito del alma: escuece y pica. Nadie te dice que la motivación no llega sola, que las musas no están ahí para salvarnos del bloqueo creativo y emocional, que vas a tener que luchar contra aquello que te han enseñado y has creído real para seguir tu propio camino y que en muchos momentos te darán ganas de abandonar porque requiere demasiada energía y tu cerebro te dirá *basta* una y otra vez.

Tener amor propio es difícil cuando no te han enseñado a verte. Dime una cosa ¿hace cuánto tiempo que no te miras al espejo? Pero no me refiero para maquillarte, peinarte o lavarte los dientes. Me refiero a cuánto tiempo hace que no te pones delante de un espejo y te miras a los ojos, directa y profundamente.

Hace nueve o diez años tuve una crisis de identidad tremenda. Me perdí tan profundamente que me ha costado años encontrarme de nuevo. En esa época no conseguía llorar a no ser que escuchase el disco de Anthony and the Johnson en el coche; era mi lugar seguro. En la desesperación por encontrar quién era cogí un espejo de maquillaje que tenía mi hermana en el baño y me tumbé en la cama. Al principio me daba miedo mirarme, pero lo hice y rompí a llorar. Me di cuenta entonces de que hacía años que no me miraba, que realmente no me veía. Desde entonces, comencé a hacer el ejercicio frecuentemente y te animo a que lo pruebes. A mí me gusta llamarlo «la meditación del espejo»:

— Paso 1: Encuentra un espacio donde no haya nadie, donde puedas tener privacidad.
— Paso 2: Coge un espejo, cualquier espejo vale: puede ser grande, pequeño, estar colgado en la pared..., como prefieras.
— Paso 3: Mírate directamente a la pupila, si no te nace no hace falta que digas nada, pero no dejes de mirarte.
— Paso 4: Deja que fluya la emoción que tenga que salir.

Sinceramente, he llorado el 90 % de las veces que lo he hecho, pero empecé con este ejercicio hace nueve años, y ahora en mi casa tengo un espejo grande y hermoso colgado de la pared, donde me miro y me siento orgullosa de en quién me he convertido. Después de mucho tiempo, por fin puedo decir que me quiero.

SACANDO DEL BAÚL LAS EMOCIONES
PROHIBIDAS: TRISTEZA E IRA

El Kintsugi es la técnica japonesa en la cual, cuando una pieza de cerámica se rompe, en vez de tirarla, la pegan, reforzando las grietas con hilo de oro, para remarcar que de la cicatriz se tiene que sentir orgullo, no vergüenza.

Cuando comenzamos una conversación con un *Hola, ¿qué tal?* la mayoría de las veces no estamos esperando una respuesta sincera. Esperamos un *todo bien ¿y tú?* Así podemos continuar hablando con la tranquilidad de saber que eres una persona educada. Hemos convertido en una formalidad la pregunta más importante.

Cuando hacemos esta pregunta no esperamos un *la verdad es que llevo con ataques de ansiedad toda la semana y salir de casa se me está haciendo un poco cuesta arriba.* No lo esperamos porque no sabríamos cómo reaccionar, no sabríamos cómo sostenerlo. Ese es uno de los motivos por el cual huimos de la tristeza o de las emociones que no nos hacen sentir bien, sobre todo en entornos sociales, ya que, como buenos animales sociales que somos, necesitamos ser aceptados en el grupo y preferimos ponerle un bozal a la emoción bajo el candado de esa cervecita con los colegas y seguir así siendo una persona buenrollera. O apuntarnos a esa noche de fiesta que será inolvidable y en la que acabaremos pedo llorando por las esquinas (pero ahí el llanto sí está aceptado, porque vas pedo). O directamente aislarnos del mundo para así no interactuar con él.

Cuando estás mal, a veces solo necesitas que alguien escuche cómo te sientes, aunque eso signifique que les vaya a incomodar. Quizá solo necesitas que validen lo que te está pasando, que acepten que tu dolor y sufrimiento son tan válidos como los percibes. Que te digan: *la verdad que es una mierda por lo que estás pasando. Estoy aquí.* O simplemente que te den un abrazo, porque a veces ni las palabras son capaces de aliviar el dolor.

───── MICROCUENTO ─────
STEWIE

Domingo 11/11 a las 13.03:

Ayer pusimos a Stewie a dormir. Tuvo un cáncer de riñón hace dos meses y le tuvimos que quitar uno. Se recuperó genial, pero se puso malito otra vez hace dos días. No le funcionaba bien el riñón que le quedaba, vomitaba todo lo que comía y no podía hacer pis. Mi hermana decidió, en un acto de amor, que no quería continuar. El proceso ha sido muy duro, pero muy bonito, hemos estado con él desde el principio hasta el final. No le ha dolido nada y por fin descansa. Ahora nos toca gestionarlo. Todavía no me lo creo del todo. Parecía que se iba a levantar en cualquier momento :(Le vamos a echar muchísimo de menos, pero entre lágrimas sabemos que era la decisión menos egoísta. Vaya mierda. Pensé que te gustaría saberlo. Un abrazo

Enviado.

**Viernes 9/11 (dos días antes)
a las 19.03:**

Era un día cualquiera. Estaba en casa cuando recibo una llamada de mi madre: *Raquel, tienes que venir al veterinario de la sierra. Vamos a poner a dormir a Stewie en una hora.* En modo autómata, me senté en el asiento del copiloto del coche. Mis lágrimas comenzaron a caer sin control, cada vez con más fuerza. Una sensación de presión en mi pecho me hizo dar un grito desgarrador. No me creía lo que estaba pasando, pero sentía que se me encogía el alma. Nunca jamás había llorado tan alto, pero me dolía tanto que mi cuerpo pedía expulsar ese dolor a gritos, literalmente. Mi expareja, Chapo, estaba al lado conduciendo. Sosteniendo lo insostenible, porque yo sentía como me iba separando de mi cuerpo. No estaba preparada para lo que me tocaba vivir, pero sabía que tenía que estar preparada para sostener a mi hermana. Dejé fluir toda la tristeza hasta que inundó cada rincón de mi cuerpo durante los cuarenta y cinco minutos que tardamos en llegar al veterinario. Curiosamente eso me permitió bajar del coche acelerada, pero serena. Creo que ese día la Diosa Fortuna me hizo el regalo más valioso del mundo: tiempo.

Mi hermana es enfermera y es muy buena. Es innato. Es ese tipo de persona que te transmite muchísima calma y confianza porque sabe lo que hace y lo hace bien. Pues algo debió decir la veterinaria que a mi hermana no le moló, así que nos fuimos de allí. Decidió llamar al hospital veterinario que había operado a Stewie unos meses antes para llevarlo allí. Nos dieron cita para el día siguiente a las doce de la mañana.

Esa tarde fuimos a casa y estuvimos juntos. Stewie ya no se encontraba bien, pero estaba tranquilo y movía la cola cada vez que te veía. Dimos un paseo cortito, porque le costaba andar, y pude tumbarme a su lado para acariciarlo, siendo consciente de que sería de las últimas veces. Me sentía muy agradecida de estas horas que nos habían regalado.

Al día siguiente fuimos al hospital veterinario. En todo momento nos transmitieron muchísima tranquilidad, algo muy importante cuando estás viviendo cualquier tipo de situación traumática. Nos dijeron que se iban a llevar a Stewie para ponerle una vía. Él, risueño y confiado, se dejó llevar por una enfermera que sostenía la correa con mucha seguridad, calma y una sonrisa. Nos quedamos esperando en la sala. En ese momento me sentí vacía. Mi cuerpo estaba ahí, pero mi mente volaba. Yo estaba sentada en el suelo con las piernas cruzadas. Le toqué la pierna a mi hermana, que estaba sentada en la silla, y en silencio lloramos, sin decir palabra. Mi hermana estaba triste, pero especialmente calmada, convencida de que, aunque le doliese a morir, estaba tomando la decisión menos egoísta.

Mi madre, en un intento desesperado de calmar el dolor de sus hijas y transmitirles que todo iba a ir bien, dijo tímidamente:

—Venga, no lloréis, que no pasa nada.

La miré seria y le dije:

—Sí pasa. Estamos a minutos de sacrificar a Stewie y es algo muy doloroso.

—Tienes razón —me contestó—. Sí que pasa algo.

Nos abrazamos.

Stewie volvió con la misma enfermera, pero ya con la vía en la patita. Movía la cola muy contento de vernos, parecía que gritara: *yujuuu estoy genial, vámonos de aquí, vamos a dar un paseo.* En ese momento yo solo quería cogerlo y salir corriendo de allí, irnos al campo y lanzarle la pelota hasta agotarme. Supongo que mi cerebro no podía asimilar lo malito que estaba en realidad.

La veterinaria nos dijo que podíamos entrar. Mi hermana y ella comentaban términos médicos sobre su analítica. Yo no entendía lo que significaba casi nada de lo que decían, pero ambas coincidían en que era muy malo. Las dos parecían estar de acuerdo con la decisión. Nos explicó cómo lo iban a hacer.

Mi hermana estaba de rodillas, Stewie sentado a su lado en una colchoneta y yo enfrente sentada con las piernas cruzadas. Nos dijo que cuando estuviésemos listas le pondría el sedante para dormirlo y que no se enterase de nada. En cuanto se lo puso, Stewie perdió la fuerza en los músculos y mi hermana le ayudó a colocarse, tumbándose detrás de él a modo cucharita. Yo con una mano acariciaba la cabeza de Stewie y con la otra acariciaba la cabeza de mi hermana, a la que no paraban de caerle por la cara discretas lágrimas. La veterinaria miró a mi hermana con mucho respeto, pidiéndole permiso. Ella asintió. Sara, abrazada a Stewie, le puso la mano en el corazón siguiendo su respiración hasta que este dejó de latir. Lo abrazó fuerte. Parecía que estaba dormido. Nos quedamos unos minutos en silencio, llorando. Mi hermana se levantó y nos abrazamos. Nos fuimos.

De nuevo a solas con Chapo, en el asiento del copiloto, apareció esa presión desgarradora en el pecho, ese llanto sonoro que jamás había experimentado. Ese dolor del adiós inesperado.

Sábado 17/11 a las 23.58

Nos habían invitado a un concierto y luego a una fiesta en un garito. Yo estaba disociada, hablando con la gente, sonriendo porque tenía que sonreír, contestando *todo bien, ¿tú qué tal?* cuando me preguntaban. Fui a pedir una cerveza para ver si así la noche se me hacía un poco más amena y me encontré con Marta. Siempre me alegro cuando la veo, porque es una persona con mucha luz.

—¡Tía! Cuánto tiempo, ¿qué tal? —me preguntó.

—¿Te importa si lloro un momento mientras te cuento cómo estoy y luego seguimos la fiesta? Es que realmente siento que voy a explotar. —Me salió del alma.

—Por supuesto. —Me cogió cariñosamente del brazo y me apartó a un sitio donde no sonase tanto la música para poder escuchar bien lo que yo tenía que contarle.

—Hace una semana tuvimos que sacrificar a Stewie...

Le conté la historia. Cómo seguía sintiendo su cabeza en una mano y la cabeza de mi hermana en la otra. Cómo intenté cerrar sus ojitos antes de dejarlo en la salita, porque es lo que hacen siempre en las películas antes de decir *descansa en paz*. Y no se le cerraron. Estaba realmente indignada con el cine por romantizar la muerte. Marta me dio un abrazo. No necesitaba que me dijese nada especial. Necesitaba que me escuchase y me diera un abrazo. Y eso hizo. Y yo me sentí muchísimo mejor. Me sequé las lágrimas y con una sonrisa genuina le dije: *Ale, ya está. Creo que me voy a marchar a casita ahora.*

Y en vez de pretender que no pasaba nada emborrachándome para ello, me fui a mi lugar seguro a llorar la pérdida de un ser querido.

Según la psicología de la emoción la tristeza es el sentimiento negativo caracterizado por un decaimiento en el estado de ánimo habitual de la persona que se acompaña de una reducción significativa en su nivel de actividad cognitiva y conductual, y cuya experiencia subjetiva, vacila entre la congoja leve y la pena intensa propia del duelo o de la depresión.

La tristeza suele generar rechazo porque casi siempre aparece cuando pasa algo malo. Creemos que una vida sin tristeza es la clave de la felicidad, pero no existe una emoción sin la otra. Incluso muchas veces se complementan. Dime si no por qué encontramos cierto placer en ver una película que nos hace llorar a moco tendido o leer novelas en las que el drama es el protagonista o escuchar canciones que nos atraviesan el alma llenándola de melancolía, pero *cómo necesitaba escuchar esta canción*. La tristeza llega incluso en los momentos más increíbles de la vida, como cuando lloras en una boda porque tu amiga es la novia más preciosa del universo o en el aeropuerto mientras abrazas a tu hijo que vuelve a casa después de tres años trabajando fuera.

Pero, aunque la tristeza de vez en cuando venga acompañada de alegrías, es cierto que el principal motivo por el que aparece es por la pérdida de algo valioso, como puede ser la muerte de un ser querido, un accidente que cambie radicalmente tu forma de vivir, un examen suspendido que no te permita entrar en la oposición que llevas preparando un año, dejarlo con una pareja a la que has querido mucho, pero que ya no funciona... Y por eso la función adaptativa de la tristeza según la psicología de la emoción es la reintegración:

— Potencia tu empatía y te hace conectar con otras personas que están pasando por una situación parecida.
— Entras en una etapa de introspección para valorar y analizar el resto de los aspectos de tu vida a los que quizá antes no prestabas tanta atención.
— También te ayuda a reclamar el apoyo que quizá no seas capaz de pedir de palabra.

En un intento más por ahorrar energía, cuando estás triste tu cerebro ralentiza los procesos cognitivos (atención, memoria, motivación...) impidiendo un derroche innecesario de energía y generando cierto aislamiento hacia estímulos que nos cuesta gestionar. Por ejemplo, imagina que fallece alguien querido que ha estado enfermo. La tristeza te ayudaría a abandonar la búsqueda de posibles soluciones a su enfermedad (reducción de recursos) y a afrontar esa pérdida con ayuda de otras cosas, como el deporte (enfocarte en aspectos que quizá antes tenías más abandonados). Además, tu amiga te escribiría más a menudo y estaría más pendiente de ti (reclamar ayuda) y eso te haría sentirte cuidada y querida y con más fuerzas para afrontar el duelo.

Según la UNED, *la tristeza (que no la depresión) nos predispone, mejor que ninguna otra emoción, a realizar reflexiones de largo alcance y, probablemente, ha tenido y tiene un papel relevante en la historia, del pensamiento y de las ideas.*

LA TRISTEZA Y LA FRUSTRACIÓN

El contexto y la cultura tienen mucho que ver con cómo interpretamos una emoción. Según Zisowitz, dos rasgos que definen la tristeza pueden ser la falta de control sobre la situación y la solicitud de ayuda. Esto puede tener mucha aceptación o rechazo social. En sociedades individualistas, este tipo de sentimientos no están bien acogidos porque reducen la autonomía de la persona, pero las sociedades colectivistas son emocionalmente más receptivas porque toleran mejor este tipo de sentimientos y refuerzan los vínculos sociales, teniendo más compasión y siendo más altruistas.

Puede que conozcas la metáfora del elefante atado a un clavo del que nunca se escapa. Por si acaso te la cuento: desde bebé encadenaron a un elefante a un clavo anclado al suelo. El elefante bebé intentaba alejarse, pero no tenía la fuerza suficiente como para arrancar ese clavo del suelo. Después de varios intentos el elefante asumió frustrado su destino y con el tiempo, aunque creció y podría haber quitado el clavo del suelo y ser libre sin mucho esfuerzo, nunca más intentó escapar.

A veces, cuando nuestros actos y esfuerzos no tienen la respuesta que esperamos nos volvemos pesimistas ante la situación y se nos quitan las ganas de seguir intentándolo. Este estado en psicología se conoce como *indefensión aprendida*. Cuando generalizamos esta indefensión aprendida, podemos creer que algo nos sale mal por nuestra falta de habilidad. Por ello es común que muchas veces la tristeza sea resultado de la frustración. Por ejemplo, si empiezas a practicar un deporte y no consigues los avances que estás esperando, o si generalizas que eres torpe en este deporte, puedes pensar que lo serás en todos y no querrás intentar practicar ningún deporte más.

Deberíamos normalizar la frustración ante un nuevo reto. Abrazar el proceso y darnos el tiempo necesario. El cerebro prefiere evitar el dolor a obtener un beneficio, por ello el miedo a fallar suele ganar a las ganas de intentarlo. No quieres que nadie te vea vulnerable, no quieres hacer el ridículo. Premiamos el éxito, pero no hablamos del camino, donde la frustración y el fallo suelen ser protagonistas.

NOTA MENTAL

No eres torpe, te falta práctica. Date tiempo.

LA TRISTEZA Y EL DEPORTE

Y hablando de deporte. Nunca había creído en aquellas personas que dicen que el deporte sana. Yo era la que no entendía cómo alguien puede madrugar para salir a correr, pasarse las tardes en el gimnasio levantando pesas o enganchados a cualquier otro deporte. Cuando me decían eso de *es que me hace sentir bien,* yo pensaba: *a mí lo que me sienta bien es una cerveza, no hacer deporte.* Se puede decir que he cultivado mucho la mente durante la mayor parte de mi vida, olvidándome del cuerpo, sin embargo, de un tiempo a esta parte he descubierto los beneficios del deporte. Y tengo que ponerme un puntito en la boca, porque encontrar el equilibrio mente cuerpo me ha dado la estabilidad emocional que necesitaba.

Mi relación con el deporte comenzó el verano de 2021 a consecuencia de dos duelos a los que me enfrentaba (recuerda, la introspección derivada de la tristeza te hace buscar aspectos de tu vida a los que antes no prestabas atención). El primer duelo fue debido a una ruptura de pareja. Sabía que dejarlo ir iba a significar perderlo indefinidamente y quizá definitivamente. Podría haber estirado la situación hasta romperla, porque mi deseo de mantenerlo con vida era grande, pero era como quien intenta sostener una vela a punto de extinguirse. Esa misma persona me había enseñado que querer bien significaba tomar decisiones adecuadas, no convenientes. Me dolió mucho separarme de quien me había enseñado a querer de manera sana. La decisión me sometió a un profundo estado de tristeza, pero sabía que era correcta y que el tiempo me iba a dar la razón. Ahí tenía a mi cerebro haciendo un gasto desmesurado de energía para intentar recolocar todas las piezas del puzle de preguntas que se habían lanzado de nuevo encima de la mesa. ¿Quién soy ahora? ¿Qué tal viviré yo sola? ¿Cómo serán mis rutinas? ¿Qué haré los días que me sienta triste? ¿Con quién compartiré mis logros? En ese mismo lapso de tiempo también murió inesperada y repentinamente un Ángel al que había querido y sentido como un padre. Me enfrentaba a dos duelos paralelos. El primero lo había dejado marchar y el segundo había sido arrebatado. En cierta medida, la presencia repentina de la muerte me hizo valorar la vida. Cuando Ángel murió no había palabra que pudiese recomponer el dolor. Tampoco hacía falta. Aprendí que el silencio acompaña mejor que palabras vacías. Estar presente para que la otra persona se sienta segura de poder desplomarse es más importante. Y, desde luego, no preguntes: *¿qué tal?*, a no ser qué estés presente para escuchar la respuesta.

MICROCUENTO

Él se fue y no tocaba.

Escuché el *crac* de tu alma al partirse e intenté recoger los pedazos sabiendo que alguno se perdería en el mar de tus lágrimas. Te abracé con fuerza para intentar sostener la avalancha, pero el dolor arrasaba tu cuerpo. Acaricié tu cabello para intentar calmar la tormenta y la lluvia amainó, dándome esperanzas de que algún día volvería a salir el sol.

Sé que nunca brillará de la misma manera porque ya nada será lo mismo, pero sus rayos seguirán calentando tu cuerpo y su energía te recargará de luz, de esa misma luz que repartes y que sana el alma.

Aquí siempre. Te quiero, hermana.

A veces, según me contó mi hermana, cuando una enfermera tiene que curar una herida, lo que hacen es no dejar que esa herida cierre. Ponen una gasa dentro para que no se forme una costra encima, porque si tú tienes un agujero que cicatriza (es decir, la piel se vuelve a unir), aparentemente la verás bien y puede parecer que ya ha sanado, pero por dentro sigue quedando el agujero expuesto a ser infectado en cualquier momento. Por eso lo ideal es que vaya cicatrizando de dentro hacia fuera (metiendo una gasa en el agujero e impidiendo que cierre) y así sane completamente sin riesgo de infección. Esta técnica se llama *cura por segunda intención*.

Es lo mismo con el alma. Cuando tienes una herida, si solo dejas que cierre superficialmente, en un futuro tiene la posibilidad de abrirse de nuevo infectada por la emoción no gestionada. La pérdida de un ser querido también tiene que sanar de adentro hacía fuera, aunque sea un proceso más lento y doloroso.

Pues bien, con el afán de sanar la herida y estar fuerte (física y emocionalmente) comencé con un reto de doce semanas de deporte. Encontré por Instagram una cuenta que trabajaba con una metodología que, por mi forma de ser, sabía que me iba a funcionar. Había seis vídeos por semana y estaba todo tan bien estructurado que no podía pasar al siguiente sin haberme hecho el anterior. Era justo lo que necesitaba. (Mi amiga Noemí seguro que piensa al leer esto: *qué virgo eres*. Sí, lo soy).

El primer día la clase duraba treinta minutos, al terminar estuve cuarenta y cinco minutos tirada en el suelo pensando que me moría, pero al día siguiente pasé a la clase 2 y así consecutivamente hasta llegar a las doce semanas. ¿Cómo lo conseguí? Disciplina, una metodología bien aplicada y un poco de ira bien gestionada fueron los ingredientes principales. No te apetece hacerlo, lo haces, te da pereza, lo haces, hace frío, lo haces, estás cansada, lo haces. En mi caso no sufría ningún tipo de enfermedad física o mental que me inhabilitase, no quiero que se confunda mi mensaje. Tengo dolores de reglas inhabilitantes y esos días soy incapaz de moverme de la cama o del suelo, depende de dónde me haya desmayado. Pero, salvando cualquier problema que te imposibilite, la disciplina es crucial en los momentos en los que la pereza va ganando.

Una vez que terminé las doce semanas me propuse llegar a las cuarenta. Un parto de mi nuevo ser. Así funciono yo, a través de metáforas y objetivos medibles. Y lo conseguí. Empecé a conectar con mi cuerpo y por fin entendí cómo el deporte estaba sirviendo de medicina. El cerebro está destinado al movimiento, nuestros antepasados necesitaban moverse para cazar y así sobrevivir, así que el cerebro necesita ese movimiento, ese estímulo para encontrar calma.

En enero de 2022 comencé a escalar. Os juro que es la primera vez en mi vida en la que disfruto haciendo deporte. Para mí es una especie de meditación en movimiento, me hace estar presente en el aquí y ahora. Dónde pongo la mano ahora, dónde pongo el pie ahora, gira la rodilla, mete cadera, mano derecha, pie izquierdo. La escalada me hace tener una propiocepción de mi cuerpo increíble y consigue que mi mente focalice en lo que estoy haciendo en ese momento.

Hoy en día sigo yendo al gimnasio y haciendo escalada unos cuatro días por semana. No es fácil y la motivación no me acompaña todos los días, pero la disciplina que tengo por respetar una decisión que me hace encontrar la estabilidad emocional es un acto de amor propio.

Quiero destacar un capítulo del libro *Más allá de la tristeza, depresión* escrito por la Clínica Balión, un centro de psicólogos especializados en ansiedad, que habla sobre los efectos del deporte en personas con depresión y sus efectos en el cerebro, y me ha parecido muy interesante. Y es que los efectos del deporte son tan evidentes que la propia guía NICE (National Institute for Health and Care Excellence), que es una de las guías de referencia para profesionales en la práctica clínica a nivel internacional, ha incluido el ejercicio físico como una de las principales recomendaciones para casos de depresión leves o moderados (recomiendan tres o cuatro veces por semana, una media horita al día). Hacer ejercicio habitualmente previene diferentes enfermedades: cardiovasculares, la diabetes, la hipertensión o la obesidad, que son enfermedades que, en su mayoría, se han asociado también a la depresión.

⎯⎯⎯⎯⎯ ⟀ CEREDATO ⟀ ⎯⎯⎯⎯⎯

Mover las piernas aumenta la generación de nuevas neuronas. Cuando los astronautas están en estado de microgravedad durante algunos meses llegan a perder hasta un 30% del volumen del hipocampo (área del cerebro que se encarga de gestionar la memoria espacial, entre otros aspectos).

En el libro se diferencian tres puntos de vista acerca del deporte: el aspecto biológico, el psicológico y el social.

- A nivel biológico, cuando hacemos deporte liberamos diferentes neurotransmisores, que es la manera que tiene nuestro cerebro de comunicarse. Podemos decir que, de alguna manera, el ejercicio actúa como fertilizante para que las neuronas se comuniquen mejor entre sí y es una especie de antiinflamatorio natural. Al practicarlo se activan neurotransmisores como la dopamina, relacionada con la motivación, el deseo y el aprendizaje, o las endorfinas, que reducen el dolor y aumentan la sensación de bienestar. Cuando nos sube la temperatura del cuerpo también se activan unos neurotransmisores que hacen que dejemos de tener pánico. El dicho *lo que no te mata te hace más fuerte* también tiene sentido aquí, porque, por ejemplo, cuando estamos realizando ejercicio, los niveles de adrenalina y cortisol (que es la hormona que se relaciona con el estrés) aumentan, permitiendo a nuestro cuerpo adaptarse a estos cambios, de manera que cuando vivimos situaciones de estrés en la vida real pueda responder mejor.

  Se puede decir que el deporte cambia tu manera de relacionarte con el mundo porque tu cerebro también cambia. Aumenta la plasticidad sináptica fortaleciendo la conexión entre tus neuronas y mejorando nuestra capacidad de aprendizaje, fomenta la neurogénesis, aumentando el número de neuronas en tu hipocampo y haciendo que la memoria mejore, y ayuda a la regulación del estrés con la liberación de los neurotransmisores.

- A nivel psicológico, el ejercicio físico consigue que centres tu atención en la pesa de 100 kg que vas a levantar o en dónde está la pelota en el partido de pádel para hacer una víbora en cuanto tengas oportunidad, en vez de centrarte en aquello que te hace sufrir. Esto no quiere decir que luego no vuelvan tus pensamientos negativos, pero por lo menos te puede ayudar a salir del bucle. Por ejemplo, en escalada, si estás subiendo una pared vertical de 27 metros, solo puedes pensar en el aquí y el ahora, *dónde pongo la mano ahora, dónde pongo el pie ahora.* No te puedes descentrar porque te puedes caer, y tu instinto de supervivencia está completamente pendiente de cada movimiento de tu cuerpo. Es decir, cuanta mayor atención requiera el deporte, menos opciones le das a tu cerebro de distraer el pensamiento.

Y hablemos de autoestima. Yo recuerdo pensar: *si me estoy levantando a las seis de la mañana para hacer sentadillas búlgaras con peso antes de ir a trabajar no hay nada a lo que no me pueda enfrentar hoy* (si conoces lo que es una sentadilla búlgara entenderás el tipo de tortura de la que estoy hablando). Y esta es una parte psicológica muy importante también. Cuando comienzas a practicar un deporte hay muchas cosas nuevas que tienes que aprender a gestionar. A medida que pasa el tiempo vas ganando confianza y, aunque los efectos físicos no se muestran tan rápido como nos gustaría, los efectos mentales empiezan a aparecer mucho antes. Ese sentimiento de superación al correr ese kilómetro extra, hacer una repetición más en el gimnasio, conseguir dar ese golpe que llevas practicando tanto tiempo... Ver el progreso que estás consiguiendo repercute en la manera en la que te ves.

- A nivel social también es muy importante, porque, como buenos animales sociales que somos, nos encanta sentir que formamos parte de algo. Es más fácil conectar con alguien cuando tenéis gustos en común, y el deporte siempre es un buen aliado. Es curioso, pero, ante el aburrimiento, me voy al gimnasio. Quizá antes me hubiese quedado en casa mirando el móvil varias horas con ganas de que llegara la noche para dormir y que acabara el día.

CEREDATO

No solo bostezamos cuando sentimos cansancio, también lo hacemos cuando sentimos aburrimiento. Al bostezar estamos oxigenando el cerebro para que despierte. Cuando alguien te vuelva a cortar el bostezo ya le podrás decir que te deje oxigenar tu cerebro en paz.

LA TRISTEZA VISTA COMO DEBILIDAD

Soy mi peor enemigo es una de las frases más dolorosas que te puedes decir. Tenemos tanto miedo de que la gente nos vea vulnerables porque pensamos que eso nos hace más débiles ya que la necesidad de encajar la llevamos corriendo por las venas. Pero deja que te diga un secreto que he tardado años en descifrar: mostrarte vulnerable no significa mostrarte quebrantable. Solo le demuestra a otros que ahí ya has estado tú, que eso ya lo has trabajado o que lo estás trabajando y que por ahí no va a poder pasar. Enfrentarte a aquello que duele, a aquello que te atemoriza es el acto más valiente. Es fácil ocultarlo tras una sonrisa falsa, una tarde de compras, ejercicio compulsivo o sexo desenfrenado, porque el cerebro prefiere mil veces evitar el dolor a ganar un beneficio, pero recuerda: llorar no es de personas débiles. Solo conociendo aquello que te duele puedes aprender a gestionarlo, cada cual a su ritmo. La vulnerabilidad te forja más fuerte.

Los seres humanos somos resilientes. Esto quiere decir que tenemos la capacidad de superar eventos adversos y traumáticos y salir incluso con aprendizajes que nos hacen más fuertes. En el libro *Entiende tu mente* lo describen como la actitud de superación ante niveles elevados de estrés. La resiliencia nos da los recursos internos para afrontar de la mejor forma una situación y mantener la estabilidad emocional. Es como cuando aprietas un muelle: este es capaz de cambiar su forma, pero una vez que lo sueltas vuelve a su forma original. El ser humano es capaz de adaptarse al momento que le toque vivir y conseguir los recursos que le hagan volver a su estado original, aunque nunca vaya a ser del todo igual dependiendo de la situación que haya vivido, obviamente. Aunque sintamos

que estamos dando pasos hacia atrás, tenemos que ver la resiliencia como una flecha que tiene que estirar mucho hacia
atrás para luego poder lanzarse más lejos.

NOTA MENTAL

La valía de las personas no está en las veces que
se caen, sino en las veces que se levantan.

Pero esto no es Mister Wonderful, no basta decir: *voy a ser
feliz* para serlo. La resiliencia está ahí, pero saldrá a la luz con
más o menos fuerza dependiendo de la época vital que estemos atravesando, las personas en las que nos podamos apoyar,
la situación que estemos viviendo... Aquí también es importante la validación emocional de lo que sentimos. Cuando
pasamos por un problema, hay que entender que es una situación temporal, pero ser realistas y reconocer que la situación es una mierda.

Cuando falleció Ángel, Rebe, su hija y mi hermana puta-
tiva (hermana de todo menos de sangre) me dijo: *Jamás en la
vida hubiese pensado que esto me fuese a pasar a mí, y ahora la pregunta que me hago es ¿y por qué no? ¿Soy especial para
que las tragedias no me atraviesen? ¿Qué me diferencia del resto de humanos que sufren lo mismo por lo que he pasado yo?*

Y es que la mierda pasa. Es difícil vivir una vida sin deses-
tabilizadores emocionales. Cada persona trabaja la resiliencia
de una forma distinta, ya puede ser mediante el sentido del
humor, mediante la ira, a través del deporte o incluso del op-

timismo. A mí algo que me funciona muy bien es el ejercicio de agradecer cada noche tres cosas que me hayan pasado en el día. Estos agradecimientos pueden ser sencillos o complejos. Hay días que agradezco que haya salido el sol o que no me haya llovido en el camino hasta llegar al autobús. Otros días agradezco tener amistades tan increíbles o que me hayan valorado en el trabajo.

Otra cosa que ronda mi cabeza desde que mi amiga Lorelai me la dijo es que tenemos que dejar de decir que somos y tenemos que empezar a decir que estamos. Es muy diferente *ser* una persona triste que *estar* triste. *Ser* es un estado permanente fuera de nuestro control. *Estar*, sin embargo, es un estado variable del cual tenemos mucho más control. *Tengo una vida de mierda* no es lo mismo que *estoy pasando una etapa de mierda*. *Soy borde* no es lo mismo que *hoy estoy muy irascible*. *Soy muy torpe* no es lo mismo que *hoy estoy más torpe de lo habitual*. Sinceramente me parece clave, ya que nos da mucho más control sobre nuestras emociones, y, aunque esto no quiere decir que las podamos cambiar como cambiamos de canal, de la frustración a la alegría o de la rabia a la tranquilidad, sí significa que por lo menos somos conscientes de que son un estado variable en nuestra vida, no permanente.

LA TRISTEZA DEL DESAMOR

Hablemos de un último duelo que no podía faltar en el capítulo de la tristeza: el desamor.

───────── ◌ **CEREDATO** ◌ ─────────

¿Por qué escribimos a nuestro ex cuando bebemos de más?

Hay receptores en el cerebro que son especialmente sensibles al consumo de alcohol. Estos receptores se llaman GABA y hay ciertas áreas del cerebro donde se encuentran en mayor cantidad.

Por entenderlo bien, GABA es un neurotransmisor (como la serotonina o la dopamina) y, por tanto, envía mensajes químicos por el cerebro y el sistema nervioso. En otras palabras, participa en la comunicación entre neuronas.

El rol del GABA es inhibir o reducir la actividad neuronal y juega un papel importante en el comportamiento o la respuesta del cuerpo frente al estrés. Las investigaciones sugieren que el GABA ayuda a controlar el miedo y la ansiedad cuando las neuronas se sobreexcitan. Entonces, cuando bebemos alcohol, el alcohol toma el lugar de la molécula de GABA y se pega a su receptor.

Los efectos del alcohol dependen de cuánto bebamos y del área del cerebro que se vea afectada. Por ejemplo: los famosos *blackouts* ocurren cuando el etanol interactúa con los receptores GABA en el hipocampo, región que es responsable de generar y almacenar los recuerdos. Cuando esta región se inhibe se te hace más difícil recordar dónde dejaste el móvil, la cartera o la dignidad al final de la noche. Si alguna vez has ido caminando y de repente has perdido el equilibrio o te has caído de boca en una noche de fiesta, puede ser porque el etanol haya interactuado con los receptores GABA en las neuronas del cerebelo, estructura que se encarga de mantener su coordinación y equilibrio.

Pues bien, cuando el alcohol afecta la corteza cerebral prefrontal, encargada de su juicio, la toma de decisiones es peor, disminuyen las inhibiciones y aumenta la tolerancia al dolor o las ganas de escribir a tu ex. Así que bloquea tu móvil cuando salgas de fiesta. Esos mensajes no suelen traer nada positivo.

El amor puede ser una de las emociones que mejor te haga sentir en el universo, pero el desamor puede ser una de las emociones que más te hunda en la miseria. Porque cuando te dejan te están quitando esa droga que te tenía tan enganchada. Es como quitarle el chupachup a un niño que solo le ha dado cuatro lametones.

Cuando se termina una relación, tu cerebro siente dolor, y como no queremos sentir dolor es normal que tendamos a idealizar la relación, a pensar, que realmente no estaba tan mal. Según la investigación de Fisher, las áreas que se activan con el amor romántico siguen activas en el desamor, pero tu cerebro entra en pánico porque ya no tienes dopamina, sino que liberas cortisol y adrenalina. Y, cuando hay mucho cortisol, hay más sangre en los músculos y podemos experimentar dolor, mareos, cansancio, agotamiento... Por eso tienes esa apatía de no querer hacer nada con tu vida.

NOTA MENTAL

No eres una opción, eres una oportunidad.

Siento decirte que ese proceso lo vas a tener que pasar, pero hay ciertos hábitos que te pueden ayudar a no sufrirlo tanto. Quizá si alguna vez te has encontrado en esta situación digas: *ah, mira, yo hice esto.* Pues dale las gracias a tu cerebro porque te estaba cuidando.

Intenta no mirar los recuerdos, ni meterte en su Instagram, ni leer vuestras conversaciones de WhatsApp como si fueses a solucionar algo, lo único que estás haciendo es fortalecer al fantasma. Haz cosas nuevas y sal con gente diferente para activar el sistema de dopamina y calmar un poco tu núcleo accumbens y tu síndrome de abstinencia. Deja que te abracen, vete a dar un masaje. En general, aumenta tu contacto físico con otras personas para liberar oxitocina; eso te tranquilizará. Haz ejercicio. Uno de los motivos por el cual la gente empieza a hacer ejercicio después de una ruptura es porque, como hemos dicho antes, es un analgésico natural y te dará claridad y energía (algo que te está quitando el cortisol). Lo peor que puedes hacer es quedarte tirado y pensar en ello más de la cuenta. A ver, sentido común. Deja que te atraviesen todas las emociones, entra en introspección, date tu tiempo y tu espacio, pero no te pases.

Al final, cuando te rompen el corazón, pasas por diversas fases:

— Protesto: intentas recuperar a la persona, seducir, darle celos, lo que haga falta hasta que, después de un tiempo, te rindes.
— Resignación: contacto cero con esa persona, comienzas a hacer ejercicio y cosas nuevas.
— Recuperación: te das cuenta de que no has pensado en esa persona en todo el día y que la vida no se va a terminar.

───────── **MICROCUENTO** ─────────

Cartas escritas para paliar el dolor de dejar una relación tóxica:

9 de febrero de 2024 a las 13.39

Lo he hecho. He escrito ese mensaje que tanto miedo me daba enviarte. He cerrado este círculo vicioso que me estaba consumiendo, que me estaba robando las ganas de sonreír. Siento como si me hubiesen arrancado un cacho del alma y no puedo evitar llorarte cada hora. Tengo miedo de haberme equivocado al cerrarte la puerta porque sé que ya no voy a volver a dejarte entrar. Pero por fin he entendido que me tengo que poner primero. Que todas las mentiras que me he dicho para creer que esto valía la pena ya no caben en la cajita de excusas que había creado para los dos.

6 de marzo de 2024 a las 23.26

Ha pasado un mes y me apetece escribirte, pero obviamente esto nunca lo vas a leer. Esto lo escribo para desahogarme, porque ahora yo voy primero.

Te echo de menos, irracionalmente te echo de menos. Tus caricias, tu lengua por mi espalda, tus brazos apretando mi cuerpo contra el tuyo, tus manos entrelazándose con las mías. Echo en falta tus ojos clavándose en mi alma, hablando sin necesidad de usar las palabras. Echo de menos fundirme en tu cuerpo. Dejarnos ir, e ir cada vez más lejos. Llegar tan profundo que nos acostumbremos a ver en la oscuridad. Echo en falta tu olor entremezclado con el mío. Echo de menos esta realidad paralela que nos hemos inventado cuando los dos sabemos que nuestras vidas son incompatibles. Pero me salgo de mi centro y confundo esta fantasía con mi realidad queriendo incorporarla, y eso es incompatible. Y así llegan los *me gustaría*: me gustaría que hubieses confiado en mí, me gustaría que no me hubieses engañado. Me gustaría que te hubiese apetecido escribirme el domingo que volví de Ibiza. Me gustaría que me importase menos. Pero no es así.

Sé que he tomado la decisión correcta porque antes quería que el tiempo pasase para verte y ahora quiero que el tiempo pase para olvidarte.

Aun así, no puedo evitar preguntarme: ¿será buena esta contención emocional que estoy teniendo? Porque mi cuerpo arde por verte, pero mi mente me repite el mismo mantra una y otra vez: *agradecida de quererme, agradecida de cuidarme, agradecida de protegerme,* y así continúa en bucle hasta que se calma la idea suicida de volver a escribirte. Esa idea que lleva rondando en mi cabeza desde el mismo día que dejé de hacerlo.

¿Cómo estás? ¿Qué sientes? ¿Qué piensas de todo lo que ha pasado? Quizá saberlo me ayudaría a procesar esta angustia que llevo dentro. Quizá solo sea otra trampa de mi subconsciente para volver a verte. He decidido bloquearte y tú has decidido respetarlo, pero cómo me gustaría que te saltases las normas y me dijeses que me echas de menos.

4 de mayo de 2024 a las 00.12

No dejo de pensar en ti y créeme que lo intento. Escucho mucha música y eso me calma. Pero me acuesto con otra persona y solo pienso en que quiero mi heroína. Nada suple esa sensación de éxtasis, de control, de estar al borde del precipicio, colgando, pero sabiendo que hay alguien sosteniendo al otro lado. Vaya mierda de droga más buena diseñamos que me tiene enganchada al recuerdo de un fantasma más vivo y presente que la vida misma. Me siento ridícula al pensar que tú no sientes lo mismo, que has seguido con tu vida. Me encantaría saber qué tal estás.

15 de junio de 2024 18.28

Quiero sentir rabia hacia ti y no puedo. Pensaba que sería más fácil sacarte de mi cabeza. Ayer casi caí en la trampa del apego. Estuve a punto de escribirte convencida de que volver a verte era la solución para salir del bucle en el que me encuentro.

Amistades me bajaron a tierra sacando a flote lo que realmente me mantiene en bucle: mis miedos.

9 de agosto de 2024 a las 11.11

Es verdad que el mar sana las heridas. Hace seis meses que no hablamos. He vuelto a sonreír. Parecía imposible que la angustia que sentía dentro se desvaneciera en algún momento. Estoy orgullosa de no haberte escrito, de haberme respetado. La vida está empezando a tener color de nuevo y es preciosa. Creo que por fin voy a poder dejar de escribirte. He entendido que tú y yo no sabíamos querernos, pero gracias a eso he aprendido a quererme.

LA IRA

Hay mil motivos distintos que pueden hacer que una persona sienta tristeza cuando entiende que la pérdida es inevitable. De alguna manera, la tristeza nos ayuda a abandonar un objetivo que ya no es posible o es muy difícil cumplir, pero una emoción muy diferente entra en juego cuando crees que las cosas podrían haber sido de otra manera. La ira.

Si pillas a tu pareja engañándote y encima te dice que no quiere seguir contigo, probablemente la rabia sea de las primeras emociones que sientas. No solo tienes que gestionar el duelo de terminar una relación, también tienes que lidiar con la decepción del engaño.

En situaciones en las que no consideramos justa la decisión por la cual estamos perdiendo algo nos reforzamos en la ira, cuya función adaptativa es la autodefensa. Gracias a la ira podemos movilizar la energía que consideremos necesaria para eliminar aquello que nos genera esa frustración (bloquear a esa persona y pedirle contacto cero) o prepararte para el ataque (hablar con tu amiga para dormir en su casa porque no quieres ver a esa persona ni un minuto más).

La ira bien gestionada es el mayor motor de cambio. Te devuelve la energía que la tristeza te quita. Pocas emociones son capaces de motivarnos durante períodos tan prolongados y con tanta determinación como lo hace la ira. No solo aumenta nuestro deseo de restablecer la meta, sino también de quitar o eliminar las condiciones responsables de su bloqueo.

Según la Psikipedia de la UNED, *en general, la ira se halla presente en mayor o menor grado en cualquier situación de pérdida, daño o limitación de intereses y derechos que se plantee de forma inesperada y sorpresiva. En estas situaciones, su función consiste en facilitar la autodefensa de la persona, o bien de dotarla de los recursos que le permitan restablecer la posibilidad de conseguir los fines deseados.*

Hemos mitificado la ira como esa emoción agresiva que hay que atar en corto y controlar como león que no ha comido en meses, pero en realidad es una potente armadura de acero que tenemos que aprender a llevar. No renuncies a ella porque la ira te hará luchar y reivindicar aquello en lo que crees. La hostilidad o agresividad, sin embargo, que vienen muchas veces provocadas porque la ira no ha conseguido su objetivo, se intentarán aliviar provocando el mal intencionado y los actos agresivos. Es de ahí de donde deberíamos huir. Se puede decir que la hostilidad se considera una emoción secundaria que proviene de la ira no gestionada. Si vivimos en un contexto hostil durante mucho tiempo podemos desarrollar mucha desconfianza generalizada, cinismo (creer que todo el mundo vive de una manera egoísta) y tener actitudes denigrantes hacia otras personas. Se vive creyendo fielmente que el mundo quiere atacarte y que debes protegerte atacando primero sumido en el asco y el desprecio.

MICROCUENTO

Cuando yo tenía ocho años, iba al colegio con Pierre, un niño con daño cerebral. Siempre llevaba su casco azul decorado con un montón de pegatinas (para evitar las posibles caídas debido a que su equilibrio y movimiento eran bastante limitados). También se le caía la baba, porque no era capaz de controlarla. *Pierre, absorbe, como si estuvieses comiendo espaguetis,* le decía yo antes de que me diese un beso en la mejilla al bajarnos de la ruta del cole. Nadie se quería sentar con él en el autobús porque era diferente, y lo diferente asusta. Pierre era mi amigo, yo me sentaba a su lado y lo integraba en mi grupo de amistades. De alguna manera, intentaba que su vida social fuese lo más normal posible.

Un día en el recreo, él estaba sentado en la cancha de baloncesto jugando con la arena. A los laterales de la cancha había unas rampas que subían hacia la segunda planta del colegio, y yo estaba arriba, hablando con unas amigas. De repente vi a tres niños mayores tirándole piedras al casco, a ver quién acertaba a darle. Recuerdo ver sus cuerpos moverse al son de sus risas cada vez que uno acertaba. Lo señalaban con el dedo y se miraban validando su comportamiento abusivo. Tardé unos segundos en comenzar a correr cuesta abajo todo lo rápido que pude. Con el impulso de la carrera empujé al primer niño y lo tiré al suelo. Cogí un puñado de tierra y lo sujeté con firmeza, preparada para lanzárselo a la cara a quién me diese el motivo. *Si vais a tirar piedras que sea a alguien que os las pueda devolver,* sentencié. Mi cuerpo estaba inmóvil. La adrenalina lo recorría preparado para el ataque. Nunca me han gustado las peleas, es más, siempre me han puesto bastante nerviosa y he huido de cualquier situación violenta, pero en ese momento sabía que era exactamente donde tenía que estar. Afortunadamente los niños se rieron incómodos y se fueron murmurando.

Me agaché y le pregunté: *¿Estás bien?* Él me miró con esos ojos llenos de bondad y me dio un beso lleno de babas en la mejilla. *Pierreee*, dije, y me reí. Me quedé con él jugando hasta que terminó el recreo.

Desde que me fui del colegio nunca más he vuelto a saber de él, pero si por algún casual algún día llegase a leer esto quiero que sepa que me abrió la puerta para entender que la ira bien gestionada es el motor de cambio. Sin él saberlo, a los ocho años, Pierre me cambió la vida dándome la fuerza para luchar contra aquello que no considero justo.

Según la teoría de Lisa Feldman, *cuando experimentamos ira, no hay una respuesta concreta con una huella dactilar física única* (no tienes unos movimientos faciales precisos, tu ritmo cardiaco no siempre late a la misma velocidad, tus hormonas se pueden disparar en mayor o menor medida, no siempre gritas o hablas más alto, ni tu actividad neuronal es exactamente igual cada vez). *Aunque dos experiencias de ira nos parezcan iguales, pueden tener pautas cerebrales diferentes.*

Para que lo entendamos, no hay dos perros bulldogs ingleses idénticos, pero ambos se diferencian de los bulldogs franceses.

Con esto se quiere explicar que cada persona tiene una manera diferente de expresar la ira. Quizá alguien se sobresalte y mueva mucho los brazos mientras su tono de voz se eleva y suelta serpientes por la boca, y otra persona, en el mismo contexto, se quede muy quieta murmurando hacia dentro. Cada persona utiliza la técnica que prepare a su cuerpo para actuar en esa situación.

Los científicos llevan mucho tiempo estudiando a personas con lesiones cerebrales para intentar localizar las emociones en determinadas áreas del cerebro. El hecho de que alguien con una lesión en un área dada del cerebro tenga problemas para experimentar o percibir una emoción concreta, y solo esa emoción, se considera una prueba de que esa emoción depende específicamente de las neuronas de esa región. La mayoría de las neuronas son «multiusos» y desempeñan más de un papel, del mismo modo que la harina y los huevos de nuestra cocina pueden intervenir en muchas recetas. La variación es la norma.

CUANDO NOS ARROLLA LA EMOCIÓN

El contexto social, como en todas las emociones, es un factor determinante. Cada cultura tiene unas normas que nos dicen dónde, cuándo y con quién podemos expresar nuestras emociones. Cuando no lo cumplimos somos castigados por el grupo o con el aislamiento (la cárcel) y el rechazo social.

Las mujeres hemos estado más coartadas de sentir ira porque se nos tachaba de histéricas. Sin embargo, a los hombres se les ha coartado la tristeza, porque *los chicos no lloran*. He visto muchas veces hombres tristes que, por no expresar su emoción, dan un puñetazo a la pared. He experimentado el estar tan enfadada que por no expresarme me han saltado las lágrimas cuando lo que quería era levantarme y marcharme de allí.

Cuando no dejamos fluir una emoción nos termina arrollando. Entra en nuestro cuerpo y, si no es capaz de atravesarlo como un rayo, termina saliendo de cualquier manera. Incluso muchas veces se queda dentro y explota cuando y como menos te lo esperas. Tienes derecho a sentir ira. Abraza tu emoción. Otra cosa muy diferente es la ira crónica o no gestionada.

¿Alguna vez has sentido tanta rabia que has perdido el control sobre tus actos? A este término Daniel Goleman lo determinó como *secuestro emocional*. Y es que cuando a veces nos enfrentamos a situaciones muy abrumadoras, la amígdala entra en acción y nos dificulta la capacidad de pensar de forma lógica. La amígdala es un área del cerebro con forma de almendra que, entre otras funciones, nos ayuda a procesar las emociones (sobre todo en situaciones nuevas), ya que está ligada al aprendizaje y la memoria.

MICROCUENTO

Era una tarde calurosa de agosto. Eran cuatro en el coche y volvían de vacaciones. El padre conducía tranquilamente escuchando a la madre jugar al veo-veo con su hija de seis añitos. Su otra hija de doce miraba por la ventana y canturreaba las canciones de la radio. Él giró la curva tranquilamente y de repente se encontró con un coche que le venía de frente por su carril. Con muy poco margen de reacción y a pocos segundos de lo que podría haber sido un choque frontal dio un volantazo saliéndose de la carretera hacia una explanada de campo. Se hizo el silencio en el coche durante unos segundos, el cual se rompió por el llanto de la hija pequeña y el grito de la mayor: *¡Sangre, mamá!* Los dos, todavía en shock, bajaron corriendo para abrir la puerta trasera. La pequeña tenía un golpe en la cabeza por haberse dado contra el cristal, pero, al limpiar la sangre, que siempre es muy escandalosa, se dieron cuenta que no era nada grave, solo el susto.

Él, después de comprobar que su familia estaba viva, levantó la mirada y vio el coche del otro conductor a 30 metros de distancia. Nunca había sido una persona agresiva, pero no se lo pensó. Comenzó a andar firme hacia ellos y agarró un palo que vio en el suelo. *Casi mata a mi familia.* Aprieta el palo con fuerza. 20 metros. *Increíble que me haya echado así de la carretera.* 15 metros. *Menos mal que estamos bien porque ha sido un susto de muerte.* 10 metros ¿*Qué les habrá pasado para meterse en mi carril así?* 0 metros. Suelta el palo. Apoyado en la ventanilla del conductor les dice: ¿*Estáis bien?*

Como ya hemos dicho, el cerebro no funciona por bloques, sino que está interconectado y funciona en conjunto. De forma genérica, para entender el proceso sería así: cuando ves algo tu sentido de la vista le pasa la información al tálamo (que procesa la información sensorial y motora). Reenvía la información a la amígdala (botón del pánico) y a la corteza prefrontal (el área encargada de tomar decisiones, planificar, gestionar...). Por ejemplo, ves una serpiente en el suelo de tu casa, tu amígdala salta despavorida, das un salto alejándote del animal, tu cuerpo se prepara para la huida, pero en ese momento tu corteza prefrontal te dice: *no te preocupes, es de plástico, te están intentando gastar una broma*. La amígdala se relaja y puede que incluso te entre la risa.

Cuando vivimos situaciones extremas, la amígdala actúa sin que ni siquiera le dé tiempo a la corteza prefrontal a plantear si la respuesta es o no adecuada. Se puede decir que se desconecta de esta, teniendo reacciones impulsivas y menos racionales.

¿Qué podemos hacer? Contar hasta 10. En el microcuento anterior los 30 metros de separación entre un coche y otro salvaron al padre de la historia de hacer algo de lo que seguramente se hubiese arrepentido toda la vida. Pero no siempre hay 30 metros para reaccionar. Contar hasta 10 es darle a tu cerebro la oportunidad de reorganizar la información y que la amígdala vuelva a conectar con la corteza prefrontal antes de hacer algo estúpido.

——————————⟨⟩ **CEREDATO** ⟨⟩——————————

¿Cómo funciona el cerebro de un psicópata? ¿Cuáles son las diferencias con un sociópata?

Los psicólogos y los investigadores de la ciencia de la conducta en general hablan de psicopatía y sociopatía para definir un conjunto de rasgos problemáticos. Se trata de algo así como constructos psicológicos no oficiales que permiten hacerse una idea aproximada acerca del comportamiento de ciertos individuos.

Ambos conceptos están asociados al Trastorno Antisocial de la Personalidad. Algunos de los síntomas tienen que ver con la falta de empatía y falta de culpa, pero tienen patrones de comportamiento que se mantienen en el tiempo y que están relacionados con la manipulación, explotación o violación de los derechos de otras personas. Es decir, poca responsabilidad afectiva y mucho saltarse los límites para conseguir un objetivo sin que importe mucho el resultado.

La universidad de Wisconsin-Madison realizó un estudio para analizar el cerebro de cuarenta presos con resonancia magnética funcional, que permite ver el cerebro en vivo y en movimiento para ver qué áreas tienen mayor actividad. Para el estudio escogieron a veinte personas diagnosticadas de psicopatía y veinte que no. Lo que pudieron ver en el estudio es que las personas diagnosticadas con psicopatía tienen conexiones reducidas en la corteza prefrontal ventro-medial (la parte del cerebro responsable de sentimientos como la empatía y la culpa) y la amígdala (encarga entre otras cosas de mediar el miedo y la ansiedad). Es decir, esas dos estructuras del cerebro encargadas de regular la emoción, el comportamiento social, tener una respuesta empática hacia los demás, parece que no se comunican como deberían.

La sociopatía es el subgénero más amplio del Trastorno de Personalidad Antisocial. Suele darse en hombres jóvenes (aunque la presencia en mujeres está aumentando) que no socializaron bien en la infancia y adolescencia. Al final, tener una falta de cariño, afecto y moral de lo que está bien y mal es la base para que pueda surgir un caso de sociopatía. Por ello, la sociopatía está muy relacionada a una infancia de abusos o abandono. Eso NO quiere decir que la mayoría de las personas que sufrieron abusos cuando eran niños se conviertan en sociópatas, pero la mayoría de los sociópatas SÍ que han sufrido abusos en la niñez según las investigaciones del psicólogo Scott Johnson, que dice que los abusos en la niñez interfieren con el desarrollo adecuado del cerebro.

De alguna manera podemos decir que el psicópata nace y el sociópata se hace.

Aquí algunas de las diferencias entre el psicópata y el sociópata:

— Los psicópatas suelen ocultarse durante más tiempo. Mantendrán la calma y se asegurarán de imitar lo que creen que sería la respuesta normal e inocente a un interrogatorio, por ejemplo. Tienden a realizar crímenes premeditados con riesgos calculados. O directamente pueden manipular a otra persona para que infrinja la ley, mientras se mantienen seguros a distancia. Tienen objetivos muy claros y son capaces de actuar con normalidad con tal de conseguirlos.

— Los sociópatas, sin embargo, son incluso más propensos a ser violentos, pero menos propensos a ser calculadores. Son más impulsivos y no planifican tanto sus actos. Tienen una capacidad limitada, aunque débil, para sentir empatía y remordimiento, aunque son capaces de manipular, dañar o robar a otra persona simplemente por diversión, y son más propensos a perder los estribos y reaccionar violentamente cada vez que se enfrentan a las consecuencias de sus acciones. ·

En ambos casos, la falta de empatía es un claro signo. Los psicópatas por la falta de conexiones neuronales entre las áreas que la fomentan y los sociópatas por el trauma. Y es que la empatía no es solo la capacidad de compartir, comprender y responder con cuidado al estado

153

de otras personas, sino también de sentir esas respuestas (es decir, angustia emocional y contagio emocional) y tener una motivación altruista para cuidar y ayudar a los demás.

LA LUZ Y LA SOMBRA

Ayer hablaba con una amiga que me decía que por primera vez en su vida había sentido rabia. Me decía que realmente por primera vez estaba experimentando de forma consciente sus emociones y que las estaba dejando fluir. Que durante tanto tiempo había dejado cosas pasar que se había olvidado de sentirlas. Y os aseguro que es una amiga con mucha empatía y consciencia de la vida, pero el miedo le había hecho dejar de poner interés de lo que ella misma sentía. Ahora estaba en un punto en el que no le apetecía rodearse de mucha gente, sino que más bien prefería quedar o rodearse de su círculo más cercano porque se sentía vulnerable. Es obvio, cuando estás abriendo tus heridas para mirar dentro no quieres que haya mucha gente alrededor, a ver si te van a dar un golpe y se te va a infectar la herida abierta. Pero está bien, no siempre tienes que sentirte el alma de la fiesta. No siempre tienes que estar bien para todo el mundo.

Esto es algo que yo he aprendido a lo largo del tiempo. Si hay una característica que haya destacado desde que soy pequeña es mi sonrisa. He crecido bajo mensajes como estos: *Raquel siempre está sonriendo, es muy guay estar cerca suya, Cada vez que te veo me das mucha luz, Siempre estás feliz, así da gusto.* Todos estos mensajes son maravillosos, de verdad, el problema es que me lo llegué a creer. Creía que para que la gente me aceptase siempre tenía que aportar esa felicidad en sus vidas, así que, incluso cuando por dentro me sentía rota, siempre sacaba una sonrisa. No me permitía mostrarme triste porque *Raquel siempre está feliz*. Nadie concebía una Raquel triste, y yo no me lo podía permitir.

Y, fíjate, la vida te manda señales que a veces no entiendes hasta veinte años después. La noche en la que mi abuelo falleció de un ataque al corazón me dijo algo que no había entendido hasta hace poco. Esa noche habíamos celebrado su cumpleaños en Galicia, habíamos bailado y cantado, y él, aunque por la tarde se encontraba regular, no dijo nada *para no molestar*. Llegó la noche y, acostado en la cama me dijo: *Ven, siéntate*. Cogió mi mano y, mirándome a los ojos, entre otros tantos mensajes que ahora sé que fueron su despedida dijo: *Tu sonrisa te va a llevar muy lejos, no la vendas barata*. Yo sonreí, lo besé en la frente y me fui a dormir.

He regalado tanto mi sonrisa a cambio de ir rompiéndome que ese mensaje ha transmutado a esta nota mental que me repito como un mantra:

NOTA MENTAL

Quien no te quiere en tu sombra, que no te busque en tu luz.

Y es que hace unos años me di cuenta de lo fácil que es estar cerca de alguien que brilla. Todo el mundo quiere rodearse de gente alegre, positiva, carismática. Todo el mundo quiere contagiarse un poquito de esa energía. Pero la verdadera amistad está en las tardes que te quedas con tu amiga en casa en vez de ir a esa fiesta que tanto te apetecía porque está pasando una temporada mala en su vida. Es cuando abrazas a tu amigo que está llorando porque lo ha dejado con su pareja (porque sí, los hombres también lloran) o cuando acompañas a tu prima a hacerse una prueba médica y estás en la sala de espera tres horas un 29 de julio a 37 grados en vez de estar en la piscina. Y, cuidado, no todo el mundo tiene que estar para todo en esta vida, pero desde la sombra puedes posicionar mucho mejor dónde están realmente tus amistades.

Hay amistades para salir de fiesta, con quienes te vas a reír lo más grande, pero a quienes no le contarías tus dramas. Hay amistades con las que no saldrías de fiesta, pero sí quedarías a hablar durante horas para filosofar sobre la vida. Hay amistades con las que pasarías nada más que un ratito corto y otras con las que te harías un viaje a otro continente. Y, sobre todo, hay amistades que te das cuenta de que deberían dejar de ser amistades.

Estar en la sombra nos asusta, pero si aprendes a mirar bien en la oscuridad vas a ver muchas cosas que a veces la luz no te deja apreciar.

VI.

CON EL MIEDO DE UNA MANO
Y LOS CELOS DE LA OTRA

Henko es una filosofía que se enfoca en el cambio desde dentro y sin retorno. Es el punto de inflexión que nos alza por encima del miedo y las preocupaciones, transformando nuestra actitud vital.

MICROCUENTO

Su prima la esperaba con el coche en marcha. Ella bajó las escaleras despacio porque le seguían temblando las piernas. Le costaba entender si ya estaba despierta o seguía sumergida en una profunda pesadilla. Entró al coche con lágrimas en los ojos y se pusieron en marcha. Al llegar a la puerta le dio un vuelco el corazón, otro más, y, agradeciendo con la mirada todo lo que su prima había hecho siempre por ella, abrió la puerta del coche y salió hacia lo que creía que iba a ser el antídoto del veneno que corría por sus venas.

Llamó al portal y una voz grave le dijo amablemente: *Sube, te estaba esperando.* Arrastró los pies de forma automática para no pensar demasiado, porque sentía que se podía desmayar en cualquier momento. Cuando llegó al tercer piso, la puerta estaba abierta y ahí estaba él. Antonio. Un hombre de unos cincuenta y cinco años con cara amable y pelo y barba blancos. Llevaba una camisa a cuadros y unos vaqueros. Le tocó el hombro en símbolo de paz y le enseñó el camino hacia la sala.

Entraron en una habitación con mucha luz. Dentro no había muchas cosas, pero era acogedora. Una mesa, dos sillas, un sillón y un mueble con cajoneras, donde supuso que se guardaban todas las historias como la que ella venía a contar. Encima del mueble había una caja de pañuelos de papel y el cuadro de un amanecer. Se sentaron uno enfrente del otro y él le preguntó: *¿Cómo te sientes?* A lo que ella contestó: *¿Qué te parece si te cuento mi historia y luego te digo cómo me siento?*

A Antonio le pareció un buen comienzo, así que se apoyó en el respaldo de la silla y, con una sonrisa sincera dijo: *Cuando quieras.*

La primera vez que fui al psicólogo pensaba que era única, que lo que me pasaba a mí era inédito, que nadie podía estar pasando por lo mismo que yo. Es curioso, me abrí en canal ante un completo desconocido, y después de una hora hablando me dijo: *Las personas como tú tienden a...* Da igual cómo continúe la frase, lo único que yo repetía en bucle en mi cabeza era *el tipo de personas como tú.* ¿Había más cómo yo? ¿Esto no era nuevo para él? Por un lado, me sentí ofendida, *esta persona no tiene ni idea, yo soy única*, pensé. Por otro lado, me sentí muy aliviada. *No estoy sola en esto.*

En esa época, motivada por mi propia experiencia, comencé a investigar a fondo acerca del cerebro humano. Pensé que si comprendía cómo funciona nuestro cerebro (o por lo menos lo básico) sería capaz de comprenderme, de evolucionar, de no cometer de nuevo los mismos errores. Que ponerles nombre a las cosas, no etiquetas, sino nombres, conseguiría ayudarme a comprender muchos de mis actos y pensamientos. Años más tarde tuve un profesor de taichi que me dijo algo que reforzó mis ganas de seguir investigando acerca del comportamiento humano: *Estamos aquí para ser conscientes de cada movimiento de nuestro cuerpo, porque hasta que no te rompes la muñeca no te das cuenta de lo que la usas a diario, y hasta que no te quedas afónica no te das cuenta de la importancia de tu voz.* Hasta que no nos rompemos, no nos damos cuenta de la importancia de entender lo que pasa dentro de nuestro cerebro cuando pasan cosas.

En el colegio no nos enseñan a conocer y nombrar nuestras emociones, no nos educan para aceptar el miedo al fracaso y su consecuente frustración. No nos cuentan los laberintos a los que se someten nuestros pensamientos ni nos dicen cómo interpretar las señales de nuestra mente. Y eso nos hace fácilmente manipulables. Vivimos bajo unos estándares sociales que se consideran correctos y normales, y cuando nos salimos de ese paraguas sentimos culpa, miedo de no ser aceptados, vergüenza de ser diferentes.

Siendo sincera, he tenido mucho miedo de escribir este libro. La verdad es que nunca pensé que pudiera experimentar tantos miedos a la vez: miedo al fracaso, miedo al éxito, miedo al rechazo, miedo al abandono, miedo a ser juzgada, miedo a equivocarme, miedo al síndrome del impostor... El proceso está siendo complicado. Escribir un libro parece sencillo hasta que te pones a ello. Por lo menos así lo he vivido yo. He estado nueve meses sentada frente a un folio en blanco sin encontrar el modo de expresar lo que había en mi mente de una manera que me convenciera. Pero, curiosamente, el mayor miedo que he tenido ha sido el de abandonar. El miedo de no ser capaz de superar todos estos miedos que se han alimentado de mí durante todo este tiempo. Y te voy a decir una cosa: el miedo no me ha abandonado en ningún momento. Es más, seguramente después de publicar el libro siga teniéndolo. Así que he decidido aceptarlo y entenderlo. Cogerlo de la mano y andar a su lado, porque es mucho más fácil que si camina delante de ti, impidiéndote ver, bloqueando cada paso que das.

¿QUÉ ES EL MIEDO?

De forma científica, el miedo es un sistema de alarma que tiene nuestro cerebro que se activa cuando hay una posible amenaza física o psicológica o cuando perdemos aquello que nos proporciona seguridad y confianza. Como el resto de las emociones, tiene una función adaptativa. Nos ayuda a alejarnos del estímulo que se considera peligroso. Ante una misma situación cada persona actúa de una manera diferente, pero las reacciones básicas del miedo son la huida, la parálisis o el ataque.

──────── MICROCUENTO ────────

Desde que nos conocimos a los once años el camino de tu casa a la mía (y viceversa) lo recorrimos por lo menos quinientas veces. Como cualquier día, íbamos hablando y canturreando canciones de Marea cuando un gruñido nos dejó mudas. Miramos a la izquierda y ahí estaba, un perro negro de unos cuarenta kilos enseñándonos sus enormes dientes mientras se le caía la baba y amenazaba con un rugido que hizo que mi cuerpo se preparase para correr más rápido que en mi vida. Di el primer paso y, con un tono muy firme y seco, dijiste: *¡Quieta!* Mi cuerpo se paralizó. No entendía cómo podíamos quedarnos quietas mientras esa fiera con ojos desbocados se estaba preparando para arrancarnos un brazo, pero confié en ti.

El perro se te acercó muy lentamente con el gruñido en su boca y empezó a olisquear tus piernas, enseñándote bien los dientes y dejando claro que no estaba jugando. De repente, mi móvil comenzó a sonar con el politono de Harry Potter. Noté cómo su cabeza se giraba hacía mí y sentía su aliento en mis rodillas. Pero seguí mirando hacia delante muy fijamente. Mi cuerpo estaba paralizado, mi mente luchaba por no desmayarse, me temblaba el alma. Después de 30 segundos que a mí me parecieron eternos, el perro se giró y volvió rumbo a su casa, donde la valla estaba abierta de par en par y nadie parecía haber dentro. Una vez que el perro entró en casa me susurraste: *Vale, empieza a andar despacio.* Mi cuerpo, hasta arriba de adrenalina, comenzó a moverse. *Un poco más rápido*, dijiste. Aceleramos el paso. *¡Corre!*, gritaste. Creo que jamás habíamos corrido con tantas ganas de llegar a ningún sitio. Una vez en casa recuperamos el aliento y nos dio un ataque de risa nerviosa.

Mi miedo me pedía huir. Tu miedo y experiencia te recomendaron que nos quedáramos quietas. Si no hubiéramos estado juntas en ese momento puede que hoy estuviese escribiendo estas líneas con algún dedo menos. Gracias, xurrita.

Cuando tenemos miedo hay cambios en nuestro cuerpo, pensamiento y comportamiento. Nuestro organismo puede reaccionar muy rápido, ya que casi toda nuestra atención se focaliza en aquello que nos atemoriza. Esto tenía mucho sentido cuando dormíamos a la intemperie y teníamos que estar pendientes del más mínimo sonido para no ser comidos por un oso en medio del bosque. Pero ¡sorpresa! Hoy en día no duermes a la intemperie a no ser que quieras hacer vivac (irte con tu saco en medio de la montaña tan *rebien* a ver las estrellas). Hoy, muchos de los miedos que tenemos (sin menospreciar ninguno, ya que es una emoción que desencadena numerosos problemas de salud mental) nos los han inculcado desde edades tempranas, mediante ese aprendizaje por imitación y observación que se denomina *aprendizaje vicario*. Por ejemplo, imagina que tienes seis años y tu madre tiene miedo a los gatos. Cada vez que ve uno se altera moviendo los brazos para que se aleje. Si tu referente en ese momento tiene miedo a este animal es porque debe ser horrible, ¿no? Tú no has tenido ninguna experiencia con los gatos, así que te fías ciegamente de que tu madre les rehúye y acabas teniendo el mismo miedo a ellos.

Pero no todos los miedos son aprendidos. También pueden generarse de experiencias que nos han marcado de alguna manera que extrapolamos al día a día. Suele suceder cuando nos hemos enfrentado a algo con mucha intensidad (por cuánto nos duela) o cuando nos hemos enfrentado a algo nuevo (miedo a un cambio de trabajo o a una persona extraña).

NOTA MENTAL

No es el miedo lo que nos da miedo, sino el miedo que tenemos de sentirlo.

Un dato curioso que se publicó en la revista científica *Nature* es que el miedo tiene memoria. Esto es debido a la conexión entre la amígdala, que tiene un papel fundamental en el procesamiento de emociones, y el hipocampo, que es una estructura que se encarga de almacenar y recuperar recuerdos. Según publicaron Woong Bin Kim & Jun-Hyeong Cho en este artículo de *Nature, para sobrevivir, los animales desarrollan respuestas de miedo ante situaciones peligrosas. El mecanismo neuronal del miedo aprendido tiene un gran valor de supervivencia para los animales, que deben predecir el peligro en contextos aparentemente neutrales. El aprendizaje contextual del miedo requiere una actividad coordinada del hipocampo y la amígdala. Aún se desconoce cómo las células de engramas de memoria en la amígdala están conectadas a las células de engramas del hipocampo que codifican representaciones contextuales específicas, así como también cómo se modifica la fuerza sináptica de estas conexiones para codificar memoria contextual del miedo.*

CEREDATO

¿Cómo es el cerebro de una persona mentirosa? Cuando alguien miente de forma repetida deja de tener una respuesta emocional ante sus propias mentiras. Así, ante una ausencia total de sentimientos, esta práctica se hace más fácil.

La profesora de neurociencia Tali Sharot hace referencia a que hay un componente biológico, pero también un proceso de entrenamiento. La estructura cerebral que se relaciona de forma directa con la mentira es la amígdala. Cuando una persona miente de forma habitual, la amígdala deja de reaccionar, crea tolerancia y la sensación de culpabilidad desaparece, no hay remordimientos ni preocupación alguna.

Pero quien miente necesita dos cosas: frialdad emocional, sí, pero también memoria. En un experimento realizado por el doctor en psicología Dan Ariely reveló que la estructura cerebral de los mentirosos patológicos dispone de

un 14% menos de sustancia gris y entre un 22%
y 26% más de materia blanca en la corteza prefrontal. ¿Qué significa esto? Básicamente que el
cerebro de un mentiroso establece muchas más
conexiones entre sus recuerdos y sus ideas. Esa
mayor conectividad les permite dar consistencia
a sus mentiras y tener un acceso más rápido a
esas asociaciones.

El hecho de que la amígdala deje de reaccionar ante ciertos hechos revela, a su vez, que
estamos perdiendo eso que, de algún modo, nos
hace humanos. Quien no ve que sus actos tienen
consecuencias sobre los demás pierde su noble-
za, la bondad natural que supuestamente debería definirnos.

MIEDO AL RECHAZO

¿Te han rechazado alguna vez? No me refiero a ser rechazado
en el amor o por alguien a quién aprecies (aunque también),
sino incluso a ser rechazado por alguien que realmente no te
importa, una persona extraña que te hace una entrevista de
trabajo o alguien a quién le pides la hora y te dice que tiene
prisa. Creo que todo el mundo ha experimentado el rechazo
alguna vez y no gusta.

Según el neurocientífico y psicólogo experimental Ethan
Kross, cuando somos rechazados se activan los centros de dolor en el cerebro. Es decir, nuestro cerebro registra el rechazo
social como dolor físico y se activan las regiones cerebrales
que están asociadas a los aspectos emocionales del dolor. Esto

puede desencadenar tristeza o enfado, aumentar el estrés, reducir nuestra autoestima y crearnos la sensación de que perdemos el control, lo cual genera mucha incertidumbre y es muy angustioso. Todo mal.

Este dolor es funcional, nos está advirtiendo de que algo falla, de que existe una amenaza seria para nuestro bienestar social y psicológico. Como seres sociales, estamos diseñados para la socialización y cuando sucede esto tu cerebro está aprendiendo a sobrevivir, porque el suceso te hará reflexionar sobre qué ha fallado para que te rechacen y buscará soluciones para que no pase de nuevo. Si, por ejemplo, te rechazan en una entrevista de trabajo, te puedes preguntar: ¿Habré sido prepotente? ¿Tengo que aprender inglés y por eso no me han cogido? Si le pides la hora a alguien por la calle y sigue caminando sin ni siquiera mirarte, te puedes plantear: ¿Habré sido muy borde? ¿Puede que tenga que decir las cosas de forma más directa para que me escuchen? Si te deja tu pareja puedes plantearte: ¿No le habré dedicado el tiempo de calidad a la relación que le hacía falta?

Aunque nuestro cerebro tienda a buscar explicación para no volver a fallar, no siempre hay algo que tengamos que corregir. Por ejemplo, en el caso del bullying o el acoso, tú no estás haciendo nada malo que tengas que corregir. Las personas que deberían plantearse si lo están haciendo mal son los acosadores, que probablemente sean personas frustradas y hagan sentir a otra persona el dolor que ellos sienten porque les alivia (un claro ejemplo de ira mal gestionada que se convierte en agresividad y odio, como vimos en el capítulo anterior).

Como en todo, hay que aplicar el sentido común. Tampoco te castigues y entres en un bucle de preguntas infinitas.

Si te deja tu pareja, probablemente no haya culpa alguna o, si la hay, puede que esté supeditada a algo más grave y profundo, y lo que suceda sea que el amor se haya transformado y vuestros caminos ya no vayan en la misma dirección. Por otro lado, tampoco tienes que estar con alguien porque sabes que, si le dejas, vas a activar su mecanismo de dolor en el cerebro. El dolor es parte del proceso de sanación en una ruptura y es peor estar con alguien a quien ya no quieres como pareja que estar por estar. Lo que sí podemos hacer es decir las cosas con delicadeza, con cariño y con responsabilidad afectiva.

Pero vamos, que da igual lo fuerte que te creas o lo sensible que seas; el rechazo duele. Es cierto que, dependiendo de nuestros rasgos de personalidad, es decir, de si tenemos ansiedad social, depresión, o no, vamos a gestionar de una manera u otra este rechazo. Las personas con algún tipo de trastorno tardarán bastante más en recuperarse. Nuestra tendencia a ser sociales nos hace obedecer, cumplir las normas, cooperar o participar en las decisiones de grupo, aunque no estemos de acuerdo, solo para seguir formando parte de la pandilla. Y a veces eso nos hace perder un poco el foco sobre lo que realmente necesitamos o queremos en nuestras vidas.

CEREDATO

El psicólogo Stanley Milgram hizo en el año 1961 una serie de experimentos cuya finalidad era medir la disposición de un participante para obedecer las órdenes de una autoridad en una situación de presión, incluso cuando estas órdenes pudieran ocasionar un conflicto con lo que esta persona considere que está bien o mal. Este experimento consistía en entender hasta qué punto somos capaces de hacer algo en contra de nuestros valores, ética y creencias si alguien con autoridad nos lo manda.

El experimento consistió en que una persona le hiciera preguntas a través de un micrófono a otra persona a la que no podía ver porque estaba en otra habitación. La dinámica era sencilla. Si la persona acertaba la respuesta, no pasaba nada. Pero, si no la acertaba, se le suministraba una descarga eléctrica. Cada vez que fallaba, la descarga eléctrica era de mayor voltaje. Aunque la persona que recibía las descargas gritase y suplicase que, por favor, pararan el juego, el psicólogo (la autoridad, en este caso), insistía en que el juego debía continuar e instaba al entrevistador a que no parase. Es escalofriante ver los vídeos, pero más del 65 % terminaron sometiendo al sujeto a una descarga de 450 voltios. Aunque los entrevistadores no lo sabían, por supuesto, nadie recibía realmente las descargas (el que gritaba era un actor), porque si hubiera sido real el sujeto podría haber muerto.

Stanley Milgram denominó este estado en el que estás bajo órdenes como *agéntico*. Y concluyó que una persona que considera que toma decisiones por sí misma, cuando está encerrada en un sistema (en este caso un experimento) en el que alguien tiene un estado superior de autoridad y le dice que haga algo, esa persona se verá a sí misma como un mero ejecutor. Aunque le pidas realizar una acción que no se corresponda con sus valores, en la mayoría de los casos la realizará sin dudar porque se siente al servicio de la autoridad.

El experimento se replicó cincuenta años después con un formato de piloto de concurso de televisión y los resultados fueron similares o incluso peores. Cuando alguien va por primera vez a un plató de televisión tiene que gestionar diversos factores: las cámaras, el público, la imagen de sí mismo frente a la multitud, el hecho de que los presentadores o jurado sean populares… Todo ello genera mucha tensión. Se podría decir que, para un porcentaje muy alto de personas, el plató de televisión activa una especie de piloto automático en su cerebro. Si te dan órdenes, tú obedeces. Además, en muchos de estos programas se deben superar varios castings para poder acceder a la prueba final, generando lo que se denomina *escalada de compromiso*. Esto significa que cuanto más participamos en algo más entramos en un estado de sumisión ante quien que lo gestiona: la autoridad.

Sinceramente me parecía imposible que alguien pudiese someter a un dolor tan grande a otra persona solo porque alguien con autoridad suficiente lo dijera, no pensé que se pudiera quitar el cargo moral que esto supone. Pero, si lo piensas, durante años las televisiones comerciales nos han enseñado que es bueno humillar, pisotear, eliminar y ser sádico con otros (*Supervivientes*, *Sálvame*, *Operación Triunfo*...), y esto nos lo tomamos desde un punto de vista gracioso, entretenido. El ser humano necesita a su especie para sobrevivir y sentirse seguro. No hay peor sensación que la de ser excluido y rechazado de un grupo social en el que se desea estar. Algunas veces, el precio que pagamos debido al desconocimiento y la presión social es muy alto. Conocer cómo funciona nuestra mente ante este tipo de procesos puede ser la forma de tomar decisiones más conscientes y racionales.

PENSAMIENTOS AUTOMÁTICOS

El miedo se ve reflejado de muchas maneras distintas, pero quizá haya que destacar los P.A.N (Pensamientos Automáticos Negativos), porque son miedos que a menudo pasan desapercibidos y es importante ponerlos encima de la mesa. Los P.A.N son esos pensamientos limitantes tan comunes como *no puedo hacerlo*, *voy a hacer el ridículo* o *no soy suficiente*.

> ## NOTA MENTAL
>
> «El 90% de lo que nos preocupa jamás sucede».
> MARIAN ROJAS

Mi primer psicólogo, Antonio, me describió los P.A.N como pirañas que se alimentan del miedo. Cuantos más pensamientos negativos tengas más grande se hará tu piraña. *Si piensas no soy suficiente*, ¡zas!, la piraña te acaba de dar un bocado. *De verdad que no voy a ser capaz de hacerlo*, ¡zas!, otro bocado. *¿Cómo pensaba que podría lograrlo?*, ¡zas!, otro bocado. Como te descuides, el resto de las pirañas hambrientas se enteran de que hay bufet libre y se acercan a merodear. ¿Entiendes? Cuanto más alimentes esos pensamientos más pensamientos negativos vendrán.

Antonio me enseñó una técnica que me funcionaba muy bien, consistía en una respiración básica con esta estructura: inspirar 2, mantener 3 y soltar 4. Tenías que ir pensando en los segundos mientras lo hacías:

Inspira: 1, 2.
Mantén: 1, 2, 3.
Suelta: 1, 2, 3, 4.

Y así hasta que los pensamientos se calmaban. Esta técnica te ayuda a focalizar la atención en la respiración para así no pensar en los P.A.N. Así conseguí que la piraña se muriera de hambre y desapareciera. No quiere decir que esta técnica sea infalible ni buena para todo el mundo, pero la quiero compartir contigo por si te ayuda.

NEUROBIOLOGÍA DEL MIEDO

Si queremos hablar de la neurobiología de la emoción hay que abrir de nuevo el melón entre la teoría clásica de la emoción universal y la de la emoción construida. En el caso del miedo, la teoría clásica nos dice que sí, que hay una clara huella emocional en el cerebro cuando sentimos miedo. Se considera que la amígdala es su núcleo, e incluso se afirma que sin amígdala no tendríamos miedo o que experimentaríamos muchos más riesgos. Sin embargo, la ciencia adscrita a la idea de que las emociones se construyen, afirma claramente que no existe tal huella emocional y que sin amígdala también se puede experimentar miedo. ¡Ya os avisé de que todavía hay muchas incógnitas en lo que al cerebro se refiere!

Las investigaciones del neurocientífico Joseph Ledoux muestran la relación directa entre el tálamo, que recibe la información del mundo exterior a través de nuestros sentidos (a excepción del olfato), y la amígdala, que procesa y almacena emociones, ya que, en sus investigaciones con ratas, cuando se les lesionaba el tálamo, dejaban de tener miedo. Aunque, según su investigación hay más estructuras que participan en el sistema del miedo, estos resultados sugieren que la amígdala es de alguna manera el núcleo del miedo y que, en todos los casos en los que experimentamos miedo, se activa esta área. Muchos estudios científicos avalan esta afirmación, ya que los humanos con daño en la amígdala tienen problemas a la hora de reconocer las expresiones faciales emocionales, especialmente las de miedo.

Según el neurocientífico Justin Feinstein, *la amígdala revisa constantemente toda la información que llega al cerebro a través de los distintos sentidos con el fin de detectar rápidamen-*

te cualquier cosa que pueda influir en nuestra supervivencia. Una vez que detecta el peligro, la amígdala orquesta una respuesta rápida de todo el cuerpo que nos empuja a alejarnos de la amenaza, lo cual aumenta nuestras posibilidades de supervivencia.

Estas afirmaciones vienen del estudio de una paciente conocida como S. M. que, por una enfermedad genética llamada Urbach-Wiethe, no tenía amígdala. Aparentemente S. M. era una mujer mentalmente sana y con inteligencia normal. Feinstein y su equipo hicieron una métrica de sus emociones durante tres meses, exponiendo a S. M. a situaciones de miedo (haciéndole ver películas de terror, llevándola a una casa encantada, enseñándole de cerca serpientes o tarántulas vivas...) y nada parecía producirle sensación de miedo, pero sí que podía experimentar otras emociones como felicidad o tristeza. Tampoco tenía demasiados problemas con la falta de espacio personal (le pusieron nariz con nariz frente a un desconocido mirándose a los ojos), pero sí era consciente de que el resto de personas necesitan ese espacio.

Por este tipo de pruebas y otras similares los científicos determinaron que sin amígdala no se experimenta el miedo, por lo que esta tiene un papel principal y básico en lo referente a esta emoción. Según dice el estudio de Feinstein, *las cortezas sensoriales y de asociación necesarias para representar estímulos externos están intactas en el cerebro de S. M., al igual que el tronco encefálico y los circuitos hipotalámicos necesarios para orquestar el programa de acción del miedo. Las lesiones de la amígdala de S. M. en efecto desconectan estos dos componentes, lo que hace improbable, sino imposible, que las representaciones sensoriales desencadenen respuestas de miedo.*

Esta parece una conclusión bastante firme, ¿no? Sin amígdala no hay miedo. Lisa Feldman, por el contrario, afirma que, por muchos estudios que lo defiendan, la amígdala no es la sede del miedo en el cerebro. En 2008, su laboratorio, en colaboración con el neurólogo Chris Wright, estudió por qué aumenta la actividad de la amígdala cuando vemos caras con expresión de miedo. Lo primero que defiende es que la actividad en la amígdala aumenta en respuesta a cualquier rostro, siempre que sea nuevo (es decir, que no lo hayas visto antes, que sea una novedad para ti).

Imagínate a una persona con cara de miedo o búscala en Google. Los ojos suelen estar especialmente abiertos, ¿no? Algo que no es muy común. Feldman dice que esta singularidad en la expresión hace que la amígdala se dispare por la novedad, no por la expresión de miedo, tal y como la defiende la teoría clásica de la emoción universal.

Ahora te podrás preguntar: vale, pero ¿por qué cuando las ratas no tenían conexión con la amígdala en el experimento de Ledoux perdían el miedo? o ¿por qué S. M. no experimentaba miedo al no tener amígdala? Y es que no os he contado una cosa: en su libro *La vida secreta del cerebro*, Feldman dice que los científicos que analizaron las emociones de S. M. sí que consiguieron detonar el miedo de S. M. cuando le pidieron que respirara más dióxido de carbono de lo normal. Al faltarle el oxígeno, S. M. entró en pánico (su vida no corría peligro, pero eso ella no lo sabía). Así que, al final parece que S. M. sí que podía percibir miedo en ciertas circunstancias, ya que, aunque no tuviese amígdala y aunque no reconociese las expresiones faciales de miedo, sí que reconocía el miedo en otra persona por su voz o postura corporal, y sí que sentía miedo en situaciones extremas.

Según avanzaron las investigaciones se descubrieron otras personas con lesiones en la amígdala que tenían estos comportamientos, y por eso la relación tan clara entre la amígdala y el miedo se hizo cada vez más débil. El caso más estudiado fue el de dos gemelas idénticas a las que a los doce años les diagnosticaron, al igual que a S. M., la enfermedad genética de Urban-Wiethe y que perdieron parte de sus amígdalas. A pesar de que su ADN era idéntico, de que tenían la misma lesión cerebral y de que se criaron juntas, una de las gemelas, a la que llamaron B. G., se parecía mucho a S. M. a la hora de no experimentar el miedo, pero la otra, llamada A. M., tenía respuestas básicamente normales en relación con el miedo. Es decir, otras redes cerebrales compensaban la ausencia de la amígdala.

Cuando parecía que estaba todo claro y que no había duda alguna, dos gemelas idénticas con ADN idéntico, viviendo juntas y con la misma lesión cerebral ponen patas arriba todo el panorama científico. En palabras de Lisa Feldman: *estos hallazgos contradicen la idea de que la amígdala contiene el circuito del miedo, y apuntan a la noción de que el cerebro debe tener múltiples formas de generar miedo y que, en consecuencia, la categoría emocional «Miedo» no se localiza necesariamente en una región concreta. Los científicos han estudiado otras categorías emocionales además del miedo en pacientes con lesiones, y los resultados han presentado una variabilidad similar. Regiones cerebrales como la amígdala son importantes para las emociones, pero no son necesarias ni suficientes.*

⬡ CEREDATO ⬡

El funcionamiento del cerebro es fascinante. Cuando una persona pierde el sentido de la vista, el cerebro se adapta a las necesidades de cada individuo. Los sentidos realmente solo son la puerta de entrada de información a nuestro cerebro. A los invidentes les llega mucha información a través de los dedos, por ejemplo. Cuando se pierde el sentido de la vista, la parte de la corteza cerebral que se utiliza para ver (la corteza occipital) se queda sin esa función. Por este motivo, el cerebro de las personas invidentes se reconecta para que esas áreas que se encargan de la vista terminen encargándose de procesar información táctil, auditiva y propioceptiva. Es decir, cuando una persona lee braille se están activando las mismas áreas que cuando tú estás leyendo este libro.

Según las conclusiones de los estudios emprendidos en el Laboratorio de Estimulación Magnética del Cerebro de la Escuela de Medicina de la Universidad de Harvard, *los ciegos pueden leer Braille no solo porque tienen más entradas de información a través de los dedos que usan, sino también porque mantienen conectadas a ellas las zonas que los videntes utilizan para la visión, haciendo posible extraer información táctil y leerla.*

LOS CELOS Y EL MIEDO A LA PÉRDIDA

Hemos hablado del miedo como una medida de protección, pero ¿qué me dices del miedo a la pérdida? ¿Qué sabemos de los celos? No he conocido a nadie que no haya experimentado celos alguna vez. Ya sean celos por alguien del trabajo, amistades, celos por amor, celos dentro de la familia...

Hay un consejo budista que dice: *Una sola vela puede encender miles de velas y la vida de esa vela no se verá acortada. La felicidad nunca disminuye cuando se comparte.* Sin embargo, a veces nos resulta difícil seguirlo.

Pero ¿qué son los celos? Ralph Hupka, profesor de psicología emérito de la Universidad Estatal de California, habla de los celos como una emoción anticipatoria al miedo o la ira cuando sientes que están intentando arrebatarte algo que es tuyo. Y, aunque los celos no nos hagan sentir bien del todo, como todas las emociones, ¿qué tienen? Efectivamente, una función adaptativa. Los celos buscan prevenir la pérdida. Y, repito lo que decía Kanheman: *el cerebro prefiere no sufrir a tener un beneficio.* Es decir, mantener aquello que es nuestro tiene más valor que ganar algo nuevo. Y hay veces que el sentimiento de posesión hacia algo o alguien se nos va un poco de las manos por el terrible miedo a perderlo. Los celos se podrían manifestar en los famosos *y si* que nos comen por dentro. *¿Y si el nuevo es mejor que yo y me quita mi puesto de trabajo? ¿Y si su amiga es más divertida y me deja por ella? ¿Y si el bebé que acaba de nacer es más mono que yo me quita toda la atención?*

Y os diré más: los celos no son algo únicamente humano. Los animales también los sienten. Sin ir más lejos, mi gata a veces maúlla de una forma adorable cuando estoy abrazando a mi pareja, porque sabe que así captará nuestra atención, le diremos *michitooo* y ella se irá corriendo a la alfombra a hacer la croqueta para recibir su ración extra de mimos.

Pero la de mi gata no es la única evidencia, las doctoras Christine Harris y Caroline Prouvost hicieron una investigación concluyendo que, por ejemplo, los perros también pueden llegar a sentir celos cuando ven que estás acariciando de más al perro de tu amiga. O que los peces ángel se revuelven cuando sus parejas se acercan a otros individuos de su especie. Pero el animal que es especialmente interesante en esta investigación es el mono tití cobrizo porque tiene comportamientos monógamos relacionados con los celos muy parecidos a los humanos. Por ejemplo, los machos tienen mucho sentimiento de pertenencia hacia la hembra y se ponen muy nerviosos cuando esta se acerca a otro macho que tenga interés sexual hacia ella, así que, siempre que pueden, impiden que la hembra se acerque a otros monos. Esta respuesta psicofisiológica hace que para la ciencia el mono tití macho sea un primate ideal para examinar la neurobiología de la monogamia y los celos, porque tristemente este comportamiento podría ser muy parecido al de algunas personas.

Para analizar qué pasaba en el cerebro de estos monos utilizaron una técnica de neuroimagen en la cual se puede medir qué área del cerebro se activa más. Mientras, les pusieron a ver por remoto durante treinta minutos cómo sus parejas se acercaban a otros monos machos que claramente representaban una amenaza para su monogamia. Sería un poco como *La isla de las tentaciones,* pero con simios, para que veamos que no somos tan distintos. Pues algo parecido a lo que sucede en ese reality sintieron los monos, porque según sus resultados aparece una activación en la corteza cingulada anterior, un área del cerebro asociada con el *dolor social*. Es decir, una sensación de aislamiento, abandono, traición, miedo o desamparo. Por si fuese poco, la experiencia de los celos se combina con un aumento de testosterona (relacionada con el deseo sexual) y cortisol (relacionada con el estrés), que hacen mucho más incontrolable esta sensación. También neurotransmisores como la vasopresina (que genera sensación de posesión) participan en los celos y el control de territorialidad.

Pero, aunque a veces nos parezcamos, los humanos no somos como los monos tití o los perros, ¿no? Quizá algo no nos importaría parecernos, ya que, mientras ellos responden a estímulos reales y concretos (el mono tití realmente siente peligrar la evolución de su especie), los humanos solemos montarnos películas en nuestra cabeza que a menudo son falsas o que hacen la situación mucho más grande de lo que realmente es, sin datos reales o específicos. Los famosos *y si* de los que hablábamos antes. Y es que nuestro cerebro no necesita pruebas válidas para creerse la película que le has contado y, aunque el 91 % de las cosas que nos preocupan no suceden, nos preocupan igual, porque nuestro cerebro no discierne y las gestiona de la misma manera que si fueran hechos comprobados.

MICROCUENTO
EL NUDO EN LA CUERDA

Mario y María llevan cinco años de relación, tienen muy buena comunicación asertiva, lo hablan todo y siguen enamorados, así que parece que todo marcha bien. Ella lleva diez años trabajando de forma constante en su carrera profesional. Él está arrancando un proyecto al que le está metiendo muchísimo esfuerzo e ilusión, pero que no termina de funcionar. A María se le plantea una oportunidad profesional muy interesante. Después de tantos años de trabajo por fin ha llegado su momento, lo va a petar y se lo merece. Está eufórica y se muere de ganas de llegar a casa para contárselo todo a Mario. Pero aquí viene la brecha. Él no consigue alegrarse de sus éxitos. Incluso le molesta que ella le cuente con detalle todo lo bueno que le está pasando. En ningún momento ha dejado de quererla y no llega a entender qué le sucede o por qué siente esa rabia cuando el amor de su vida le está diciendo lo feliz que es. La culpa por sentir todo esto le está matando.

En su interior sabe que el problema es suyo, que no puede comparar su situación con la de María, pero en su realidad distorsionada, el éxito de María refleja su fracaso, y no puede evitar sentirse celoso. Mario empieza a estar cada vez más desmotivado y triste, y María empieza a sentirse culpable cuando le cuenta cómo está avanzando su proyecto y lo contenta que está. Entonces, para no hacerse daño, dejan de hablar del tema, Mario desea por un lado que

María rechace esa oferta de trabajo, pero por otro lado sabe que eso solo empeoraría las cosas. María parece que le lee el pensamiento: *Nuestra relación es como esta cuerda, ahora se ha hecho un nudo que tenemos que resolver, pero si yo rechazo este proyecto porque no puedes gestionarlo, el nudo que se haga no sé si vamos a ser capaz de deshacerlo. Por mucho que te quiera y quiera que estés bien, esta es mi pasión, y dejarlo ir rompería algo en mí.*

En ningún momento Mario le hubiese pedido que abandonase, que el problema desapareciera de su vista no iba a hacer que desapareciese de su mente, aunque no iba a negar que la idea era suculenta. Ver gráficamente el nudo en la cuerda de su relación le hizo entender que si cargaba sus miedos y su ira en su pareja solo iba a conseguir enredar más nudos tan fuertes que ninguna parte sería capaz de deshacer. Pero, aunque intentaba deshacer el nudo de sus celos, no era capaz solo. María se cargó de paciencia para acompañarle en el proceso, pero ella no era la responsable de solucionarlo, así que lo motivó para pedir ayuda y cerrar cita con un psicólogo. Nunca se había planteado la idea de ir a terapia, le hacía sentir vulnerable, pero la situación se le había ido de las manos. Sentía como cuando te da un tirón en el cuello y eres incapaz de moverlo y no te queda otra opción que ir al fisio. Tenía un gran bloqueo. *Cuando te duele el estómago vas al médico para que te ayude ¿verdad?*, le dijo María, *pues ahora te duele algo en la emoción y necesitas que te ayuden a identificarlo para poder sanar.*

Mario continúa en terapia, identificando sus miedos y analizando sus celos, creciendo como persona y cuidando su salud mental. Su relación con María es más sana que nunca.

Hay veces que te rompes y eso no implica que no estés queriendo bien o que no seas suficiente. Implica que tienes que sanar y que lo estás queriendo con los recursos que tienes en cada momento. Como en el Kintsugi, que consiste en reparar una pieza de cerámica rota utilizando polvo de oro o plata líquida para embellecerla, una crisis la puedes usar para hundirte o para salir mucho más fuerte.

Los celos no son ni buenos ni malos. Son una emoción que tenemos que escuchar, no demonizar. Esta emoción anticipatoria del miedo y de la ira nos está dando pistas sobre aquello que nos parece una amenaza hacia nuestros intereses. La gestión que hacemos de esos celos es lo que debemos aprender a manejar. No digo que sea fácil, pero no podemos controlar o limitar la vida de la otra persona ni podemos justificar que los celos sean la base del amor. No te avergüences de tus celos. Abrázalos, entiéndelos. A mí, por ejemplo, me atacan los celos en momentos en los que tengo baja la autoestima y eso me produce inseguridad. Es más, por aquellas personas por las que he tenido celos es por las que, en el fondo, sentía admiración o las que creía que tenían algo de lo que yo carecía. Por eso, cuando hay un evento o situación que me inquieta me pregunto a mí misma si me molestaría igual si tengo la autoestima por las nubes o por los suelos. Esto me funciona, porque me pone los pies en la tierra sobre si es la situación en sí lo que me molesta y mis celos están justificados o si tengo que trabajar mi autoestima y confianza.

El psiquiatra Mark Epstein cuenta una paradoja que me parece interesante. Cuando te enamoras estás deseando la unión absoluta con la persona, pero ese intento de fusionarse está condenado al fracaso porque siempre seguiréis siendo dos personas separadas. Los intentos de fusionarte con tu pareja están alimentados por un ansia que no puede ser completamente satisfecha, puesto que no es realista proyectar todas tus necesidades no cubiertas en otra persona. El amor debe ser un espacio de cocreación y reconocimiento mutuo, no de fusión y dependencia. Es, como diría Jorge Drexler, *amar la trama más que el desenlace*. Cuanto más te apegas a una persona, cosa o experiencia más tratarás de poseerla y más daño podrá causarte a ti y a otros por tu miedo a perderla.

Hay un consejo budista que dice que hay que intentar aflojar la mano un poco de lo que sea (o quien sea) que estás intentando poseer y controlar. Tener menos apego a poseer y conservar todo lo que deseas en la vida te permitirá sentir más satisfacción con lo que tienes y centrarse menos en la posibilidad de perderlo. Esto ayuda a aceptar que no controlas el universo ni a otras personas.

MICROCUENTO

Empezaste a venir cada vez con más frecuencia a casa, y eso a mí me gustaba. Era agradable tenerte cerca, me dabas paz. Quería que te sintieses a gusto conmigo. Te iba haciendo hueco en mis armarios, incluso te compré una taza de cerámica de color verde manzana para que, a la hora de tomar el café, cada cual tuviese la suya propia; y te hizo ilusión. Cuando no estabas en casa, no te voy a engañar, la usaba para hacerme el té, pero cuando venías era solo tuya.

Es curioso, pero el ser humano es el único animal que le pone simbolismo a objetos inertes, y, aunque fuese solo una taza, no me gustaba que nadie que no fuéramos tú o yo la usase, para eso tenía muchas más.

Un día me despisté, llegó Antoñina a casa para ayudarme a limpiar, y, como siempre preparé té para las dos. Lo dejé en la tetera y, antes de darme cuenta, ella tenía tu taza verde manzana en la comisura de los labios. *Qué rico,* me dijo con una sonrisa. Sentí por dentro una sensación extraña. Estaba bebiendo de tu taza. *No pasa nada, es solo una taza,* pensé para relativizar la situación.

Fui al armario de la cocina para hacerme la merienda. Cogí un bol para echar el yogur y, cuando me agaché para coger la avena del cajón, oí un golpe tremendo, miré hacia arriba y vi el armario descolgado cayendo encima de mí. Me levanté como pude mientras los platos se me iban cayendo encima. Antoñina vino corriendo y me ayudó a sujetar el armario mientras yo intentaba salvar lo que podía.

Cuando se rompió todo lo que se tenía que romper y rescatamos lo indemne, bajamos entre las dos el armario al suelo. Hubo un momento de shock. Mi taza preferida de café y mi taza preferida de té estaban hechas añicos en el suelo, mis tés estaban empapados en el líquido de una botella de ginebra que también estalló. Conseguimos salvar bastante, pero mis tres piezas favoritas de cerámica se perdieron en el intento.

Respiré profundo y me dije: *Ahora mismo eres un robot programado para limpiar la cocina. No sientes ni padeces, nada te importa. Solo recoge.* Y eso hice, activé un mecanismo de defensa y recogí todo como si no tuviese ningún tipo de valor sentimental para mí. Cuando ya lo habíamos limpiado todo me di cuenta de que tu taza verde manzana estaba encima de la mesa, intacta, todavía con el té frío que Antoñina no se había terminado. Se me escapó una sonrisa. Aunque esa taza sea tuya, compartirla hizo que no acabase rota y que hoy la sigas usando.

Como dice el psicólogo Arun Mansukhani, somos la especie más social del planeta, lo que implica que somos la especie más dependiente. Nuestro desarrollo ha sido social. No podemos pretender pasar de tener una dependencia absoluta en la infancia y una independencia absoluta en la etapa adulta. Por eso sentimos que necesitamos de otros y no queremos perderlos. Además, quédate con esto: la dependencia emocional no es mala, es necesaria. Lo que pasa es que el tipo de dependencia en la niñez y la de la etapa adulta son un poquito diferentes.

En la niñez tenemos una dependencia vertical, esto quiere decir que una parte cuida (los progenitores o tutores: papás, mamás y otros adultos) y la otra parte es cuidada sin necesidad de dar nada a cambio. Cuando vamos creciendo, sin embargo, esa dependencia vertical se va girando hasta convertirse en una dependencia emocional horizontal: te cuidan, pero también tienes que cuidar. Esto se denomina interdependencia o, como a mí me gusta denominarlo, *litros de aire*.

Y es que, por mucho que digan, en una relación, sea del tipo que sea, es igual de importante dar que recibir. No me malinterpretes, no quiero decir que haya que dar exactamente lo mismo que recibes en cada momento. Eso no sería realista y tampoco creo que sea sano, pero te quiero contar cómo pienso yo que funciona una relación sana.

Entre cada persona con la que tienes un vínculo, ya sea laboral, de amistad, familiar o de amor, hay un círculo de aire. Cuando llamas a tu amiga para desahogarte porque la persona que te gusta no te hace caso y tu amiga te escucha atentamente, te está dando litros de aire. Cuando le pides a tu madre que te acompañe al médico porque no quieres ir sola, te está dando litros de aire. Cuando tu amigo te ve rara y te da un abrazo sin necesidad de mediar palabra, te está dando litros de aire. De la misma manera, cuando sabes que tu primo no está en un buen momento y le escribes frecuentemente para hacerle saber que estás ahí, le estás dando litros de aire. Cuando escuchas los problemas de trabajo de tu pareja y dejas que se desahogue, le estás dando litros de aire. ¿Me explico?

Pero ¿qué pasa si tu amiga te llama todos los días para contarte sus problemas y tú la escuchas atentamente, pero cuando tú le llamas para hablar de algo que te preocupa siempre tiene algo más importante que hacer? Efectivamente, tú le estás dando litros de aire, pero ella no te los está devolviendo, así que llegará un punto en el que vuestra reserva de litros de aire se agote y te acabes ahogando en esa relación. ¿Entiendes mi metáfora de los litros de aire?

Sería fácil mantener relaciones así, pero no siempre es tan sencillo. Muchas relaciones adultas siguen manteniendo esa dependencia vertical: personas que quieren seguir siendo cuidadas, pero no se preocupan por cuidar (solo quieren recibir litros de aire, pero no dan ni uno). Si te estás ahogando en una relación (sea del tipo que sea), reclama tus litros de aire, ya que por muy romántico que te parezca no deberías ahogarte por nadie que no se preocupa por tu aliento.

NOTA MENTAL

Lo bueno de terminar una relación, sea del tipo que sea, es que sabes lo que no quieres para la siguiente.

ANSIEDAD, VIEJA AMIGA

Me he desconectado del placer. Siento una presión en el pecho que no me deja respirar tranquila. A veces me invade la sensación de que las paredes se me caen encima y tengo un cosquilleo en la nuca que me duerme la mitad de la cara. El nivel de trabajo al que estoy sometida en este momento no es sostenible a largo plazo. Soy consciente de ello. Mi rutina se ha convertido en una cantidad ingente de tareas. Una parte de mí no se siente con derecho a quejarse, porque todo está yendo bien. Otra parte de mí quiere dejarlo todo e irse a gritar en medio del campo.

Teniendo en cuenta que en un mundo ideal no deberíamos sufrir estrés por sus efectos nocivos en nuestra salud física y mental, la vida a veces te pone entre la espada y la pared, y tienes que tirar hacia delante intentando perder la menor cantidad de pelo posible. Sé que mucha gente está pasando por mi situación (cada cual a su manera) y que puede que tú también hayas experimentado la sensación de no estar presente porque tu mente está en cinco sitios a la vez. Esa sensación de no poder estar para la gente que te importa. Volviendo a la metáfora de los litros de aire, es como sentir que te ahogas constantemente y no puedes dar los litros de aire que tus amistades y seres queridos requieren de ti.

Si es así y te encuentras mal, dilo en alto. Avisa. Yo he hablado con mi familia y mis amistades, les he pedido paciencia. Les he dicho que ahora mismo me encuentro en esta situación y voy bajo mínimos, que es temporal, que siento si no estoy tan presente estos meses. Les he dicho que ahora mismo no tengo litros de aire para dar. Y no solo lo han comprendido, sino que incluso están más pendientes de mí regalándome litros de aire extras con esa llamada para recordarme lo mucho que valgo, ese detalle de ir a hacerme la compra porque mi nevera está literalmente con una cebolla o ese mensaje de *me acerco yo a tu casa y te veo un ratito* porque saben que no tengo tiempo para salir.

Me siento cuidada y respetada por la gente a la que quiero y que me quiere, y estoy muy agradecida de tener un círculo fuerte que me sostiene cuando no puedo más. Recuerda, no tienes que estar al 100 % para todo el mundo todo el rato, pero no puedes esperar que la gente sepa cómo te sientes si no se lo comunicas. Hay veces que, por miedo a mostrarnos vulnerables, preferimos rompernos antes de decir cómo realmente nos sentimos.

NOTA MENTAL

No eres una máquina perfecta diseñada para ser feliz. Tienes derecho a pedir ayuda.

Parece que existe una obsesión por ser felices. Hay mil artículos sobre *atajos para conseguir la felicidad, la receta de la felicidad en tres sencillos pasos, la guía definitiva de la felicidad...* como si esto fuese un reality show de cocina. Sin embargo, como dice la psiquiatra Marián Rojas, *la felicidad depende del sentido que le damos a la vida, pero estamos sustituyendo el sentido de la vida por sensaciones. Sensaciones como masajes, comida, redes sociales... y no todo tiene por qué ser malo, pero es destructivo cuando sustituye el sentido de la vida.* Al final la felicidad (aunque hablaremos más a fondo de esta emoción en el capítulo 9) es disfrutar de lo bueno y aprender a lidiar de la mejor manera posible con lo malo que nos pasa. No es cuestión de obviar o camuflar lo incómodo generando placer momentáneo (compras, salir de fiesta, hacer excesivo deporte), hay que darle espacio al dolor para comprenderlo y que pueda fluir, porque las emociones hay que sentirlas, si no, antes o después te acaban arrollando.

La ansiedad en sí no es una enfermedad, sino una emoción, y, como todas las emociones, no buenas o malas, sino que tienen una misión adaptativa. En caso de la ansiedad nos previene y anticipa ante cualquier peligro, es decir, nos ayuda en la supervivencia mejorando nuestro rendimiento y capacidad de adaptación.

NOTA MENTAL

El mundo no es de los más fuertes, sino de los que mejor se adaptan.

Y es que está estrechamente relacionada con el miedo, pero con una pequeña gran diferencia. El miedo reacciona ante un peligro real y la ansiedad intenta prevenir que una acción sea peligrosa. De alguna manera, la ansiedad nos motiva a hacer todo lo necesario para neutralizar el posible riesgo, asumirlo o afrontarlo. Es decir, no reacciona ante situaciones que nos pueden poner en peligro (como hace el miedo), sino que en su mayoría son reacciones aprendidas y anticipadas de la amenaza. Lo que genera ansiedad es el significado personal o la interpretación que tú le des a algo, dependiendo de lo que hayas vivido, no el hecho en sí. Y es que los humanos tenemos la fantástica habilidad de pensar de forma abstracta y simbólica mediante la imaginación, lo cual nos ha llevado a hacer cosas increíbles, por ejemplo hacernos preguntas como: ¿y si volamos? Para, después, trabajar en la manera de encontrar un medio de transporte que nos haga ir por el cielo: el avión. Pero también nos ha llevado a generar momentos imaginarios de preocupación. Momentos que lo más probable es que no lleguen a suceder nunca, pero como tu mente y tu cuerpo no distinguen lo real de lo imaginario, lo viven de la misma manera. Tanto lo que te sucede como lo que te preocupa tiene el mismo impacto directo en tu mente, por eso, por ejemplo, que te atraquen por la calle o pensar que te van a atracar en la calle se refleja de una manera similar en tu cerebro.

El otro día tenía cita en el dentista, y, no nos engañemos, ir al dentista no es el planazo de la vida. Yo iba con la predisposición de *qué pereza que me pinchen, voy a estar ahí toda la tarde, me va a doler...* Pues justo ese día no me dolió nada, la anestesia se fue muchísimo más rápido de lo que pensaba, salí de allí mucho antes de lo que creía y encima me encontré a una persona que no me esperaba y volví a casa supercontenta. Mi ansiedad estaba intentando protegerme de una posible amenaza inexistente. Cuando salí del dentista pensé: *Jo, me podría haber ahorrado las dos horas de pensamientos rumiantes que he tenido antes de llegar aquí.*

Pero no pensemos que la ansiedad es mala, porque tener niveles de ansiedad normal se puede equiparar a tener cerquita a un ángel guardián que vela por tu seguridad advirtiendo de los peligros. Como decía Stephen Hawking: *incluso la gente que afirma que no podemos hacer nada por cambiar nuestro destino mira antes de cruzar la acera.* El problema viene cuando esta ansiedad se convierte en patológica. Nuestro ángel guardián se transforma entonces en un ángel caído que nos empieza a complicar bastante la vida, ya que, en vez de ayudarnos, nos provoca miedos y síntomas físicos que nos impiden superar los obstáculos a los que tenemos que enfrentarnos.

NEUROBIOLOGÍA DE LA ANSIEDAD

Imagina por un momento que estás durmiendo tranquilamente y a las cuatro de la mañana te despiertan los gritos de alguien. *FUEGOOO. FUEGOOOOO.* La reacción más natural sería la de saltar de la cama con el corazón a mil, comprobar que tu casa no está ardiendo y salir al portal a ver qué está pasando, ¿no? Según la psiquiatra Marian Rojas, e*sta señal de alerta activa el hipotálamo en nuestro cerebro que lanza una señal a las glándulas suprarrenales y se activa la adrenalina y el cortisol. Entonces tu cerebro busca mecanismos de supervivencia: la lucha y la huida. Empiezas con la taquicardia para que la sangre llegue a los tejidos y poder luchar o correr. Tus músculos se llenan de oxígeno, la glucosa y grasas se movilizan. En ese momento tu capacidad de razonar está condicionada porque la corteza prefrontal, (que es la que se encarga de organizar, gestionar y planificar) se desconecta de alguna manera (tienes un secuestro emocional). Y ese pico de cortisol va a tar-*

dar varias horas en volver a su estado original así que la calma tardará un poco en llegar de nuevo.

En el libro de *Los secretos de la ansiedad,* de la clínica Balion, mencionan que, según el estudio de Ledoux, en el cerebro hay dos circuitos básicos relacionados con la ansiedad: el circuito cortical y el subcortical.

— En el circuito subcortical el miedo está mediado por la amígdala. Esto pasa porque la amígdala ha aprendido de forma errónea y siente miedo ante situaciones que no deberían darlo. Cuando tenemos este tipo de ansiedad vivimos tranquilamente hasta que nos enfrentamos al estímulo que nos provoca ansiedad, por ejemplo, una araña. Si te dan pánico las arañas no sueles estar pensando todo el día en ellas, pero si de repente estás en casa y te encuentras con una, te llevas un sobresalto.

— En el circuito cortical el miedo está mediado por la corteza prefrontal. En este caso solemos tener gran preocupación y síntomas de malestar por aquello que nos inquieta durante horas, pero no tenemos esa sensación de sobresalto. Es más bien una angustia genérica todo el rato.

INCERTIDUMBRE Y MINDFULNESS

La vida infringe los mismos contratiempos y tragedias tanto en el optimista como en el pesimista, solo que el optimista las resiste mejor.

MARTIN SELIGMAN

En la actualidad, con la cantidad de incertidumbre a la que se nos está sometiendo, nuestros niveles de ansiedad se han disparado.

La incertidumbre es la falta de confianza que tenemos sobre algo futuro (trabajo, salud, pareja...), pero no afecta a todo el mundo por igual. Es más, puedes gestionar muy bien la incertidumbre laboral, pero llevarla fatal en relación con el amor, por ejemplo. Identificar qué puntos son aquellos que más te remueven es clave para poder gestionarlo. Cuando la incertidumbre aparece en nuestras vidas tu mente comienza a maquinar pensamientos desastre (es decir, pensamientos con expectativas negativas) con el fin de evitarlos, porque, como dijimos en el capítulo 1, en el cerebro de los humanos y de otros animales hay un mecanismo diseñado para dar prioridad a los eventos malos, pero no parece haber otro comparable en rapidez para reconocer los eventos buenos, así que esto nos afecta a nivel físico y mental porque pasamos de focalizar nuestra atención en el presente para ponerla en un futuro incierto.

Ya en 1991, Arrindell, Pickersgill, Merckelbach, Ardon y Cornet propusieron cuatro bloques de temáticas que desencadenan la ansiedad:

— **Situaciones interpersonales:** el temor a la crítica, al rechazo, a interactuar con otras personas, a tener que enfrentarse a conflictos, a someterse a una evaluación como un examen o una entrevista de trabajo.
— **Situaciones existenciales:** relacionadas con la muerte o la enfermedad, las lesiones, sangre, operaciones y todo lo que tenga que ver con la vida o falta de esta.

— Animales: sensación de peligro ante animales domésticos o inofensivos.

— Situaciones sociales: estar en lugares públicos rodeados de mucha gente o espacios muy pequeños (como por ejemplo ascensores), estar solos o demasiado acompañados.

Lo que tienen en común estos bloques es la sensación de falta de control, el no saber qué va a pasar después. Vivir en un futuro incierto intentando controlarlo todo es agotador.

Puede que te suene el término mindfulness, ya que en esta última década se ha puesto muy de moda. Es un estado mental, emocional y físico de atención plena y consciente en lo que estamos haciendo en un momento. Es vivir el *aquí y ahora*. Fácil, ¿no? Ya sé que no, pero hay trucos y la meditación nos puede ayudar a llegar a este estado.

Antes de seguir quiero quitarte todos los miedos que puedas tener acerca de la meditación y, sobre todo, desmentir uno de los mitos más comunes sobre ella y que puede que se te haya pasado por la cabeza: que la meditación es la capacidad de dejar la mente en blanco. Cada vez que piensas en no pensar nada es como si te digo que no pienses en un elefante rosa. ¡Imposible!

El psicólogo Daniel Wegner determinó en 1994 la teoría del *proceso irónico,* y, por su nombre, ya te imaginas un poco por dónde va la historia: que te sale el tiro por la culata. Estos procesos irónicos se dan mucho más intensamente cuando intentas eliminar algo, vamos, cuando empiezas por el famoso *no pienses en*. Y es que cuantos más recursos utilizamos en quitar un pensamiento de nuestra cabeza, con más fuerza se va a meter este en nuestra mente. Así que no, la meditación no es la capacidad de dejar la mente en blanco. Es la capacidad de dirigir tu atención y tus pensamientos. Y es que, a veces, nuestros pensamientos nos aturullan y llegamos a tener una sensación parecida a la de estar conduciendo por el centro de Madrid un día de tráfico y lluvia. Los coches a tu alrededor pitan, la gente está nerviosa, te pasan al lado haciendo gestos violentos con la mano. Pasan muchas cosas en muy pocos segundos. Para quien no conozca el tráfico en Madrid, en resumen, es muy agobiante. Pues bien, la meditación no va a conseguir sacarte del atasco, pero te ayudará a ponerte en otra perspectiva. Imaginariamente, podrás salir del coche y sentarte en un banquito, donde, desde fuera, veas el tráfico pasar. Esos pensamientos van a seguir ahí, pero vas a poder hacer *zoom out* para gestionarlos mejor. La meditación consiste en practicar para conseguir centrar tu atención en algo específico y, aunque haya pensamientos que te descoloquen, poder decirles *ahora no, gracias* y volver a centrarte en lo que estabas. Esto no es fácil, pero se puede ejercitar de muchas maneras. A mí por ejemplo la meditación al uso (tumbada o relajada escuchando un guía) no me funciona, me agobia, pero he encontrado otras maneras de trabajar la atención plena, como por ejemplo con el taichi o la escalada, que son formas de meditar en movimiento. Por ejemplo, cuando escalo solo puedo pensar: *Dónde pongo la mano ahora, dónde pongo el pie ahora.* Mi mente solo se enfoca en girar la rodilla, meter la cadera, subir el brazo, estirar el dedo... Trabajo la propiocepción (la capacidad que tiene nuestro cerebro de saber la posición exacta de todas las partes de nuestro cuerpo en cada momento) y es el único deporte que consigue abstraerme de todo tipo de pensamiento. Y, si en algún momento esos pensamientos me arrollan (vuelvo a estar dentro del coche en vez de en el banquito), respiro y me digo en alto los movimientos que voy ejecutando: *Sube la mano derecha, coloca el pie izquierdo, mete la rodilla derecha...*, y eso me ayuda a volver a centrarme en el *aquí y ahora*.

Así que no te asustes y piensa que hay tantas formas de trasladarte al ahora como personas, solo tienes que encontrar la tuya. Quizá sea cocinar, hacer algún deporte o meditar de forma más convencional. Todo es probar. Si lo consigues, lograrás controlar un poquito más tu incertidumbre y tu ansiedad.

ZONA DE CONFORT

He escuchado más veces de las que me gustaría eso de *tienes que salir de tu zona de confort*, como si la zona de confort fuese algo malo. Y ya te digo que no lo es.

Todo el mundo necesita tener un lugar al que volver para sentirse seguro. La zona de confort nos ayuda a tomar oxígeno psicológico, volver a casa para poder ver con calma todo lo nuevo que has aprendido. El problema viene cuando nos conformamos con aquello que no nos hace felices solo porque ya lo conocemos, y más vale malo conocido que bueno por conocer, que se dice. Y es que salir de la zona de confort nos pone entre el miedo y la incertidumbre porque nos enfrentamos a situaciones nuevas de las que no tenemos control, y como acabas de leer, la incertidumbre nos lleva a pensamientos desastre y genera mucha ansiedad. Todos tus miedos se ponen encima de la mesa: miedo a perder el control, ya que, a fin de

cuentas, en tu zona de control lo tienes todo medido al milímetro y no hay cabida al fallo. Miedo al fracaso, poniendo en
riesgo tu estatus social y la imagen que tienen otras personas
de ti. Miedo al rechazo, desilusionando las expectativas del
resto, desafiando lo que es políticamente correcto y generando ese dolor del que ya hemos hablado en el capítulo 6. Incluso podemos evitar ampliar nuestra zona de confort por miedo
al éxito porque puedes descubrir nuevas facetas que quizá
cambien el rumbo de tu vida o aquello que siempre te ha identificado, y una crisis de identidad puede acechar tu guarida.

Con tal de no gastar energía tendemos a quedarnos con
lo conocido y somos capaces de aguantar cosas que no deberíamos: un ambiente laboral estresante y donde no se reconoce tu trabajo, pero que te pilla cerca de casa, el agobio del atasco cada mañana por no cambiar de ruta, ya que es el camino
que conoces, esa pareja con la que sigues por costumbre, aburrimiento o por compartir gastos... Yo lo entiendo, hay que
pagar las facturas, sobre todo la de la luz. Y, como dice mi madre, no saltes del barco sin antes tener el pie puesto en tierra
(o en otro barco). Por eso, te cuento un secreto: no hay que
abandonar la zona de confort, hay que expandirla. Y yo sé
que esto da miedo. No nos engañemos, no quiero que esto sea
un libro súper happy, donde yo te digo: *Abre la mente, tú puedes. Proyecta el cambio y, chas, aparece a tu lado.* Cada persona tiene su contexto: una persona muy inteligente en un país
tercermundista no tiene las mismas herramientas, las mismas
posibilidades que otra en Europa. Una persona que quiera
hacer un máster, pero tenga tres hijos, un trabajo de diez horas
y a la abuela en la residencia, quizá no pueda, por muchas
ganas que tenga (o sí, pero dejándose su salud física y mental

por el camino). Entonces ¿por qué te cuento esto? Pues porque considero que conocer las posibilidades infinitas que nos ofrece nuestro cerebro abre la mente para ejercer cualquier cambio. Es fundamental analizar el entorno para valorar la viabilidad del cambio, hacer un plan estratégico adaptado a nuestros tiempos y no abandonar el proyecto por frustración o por querer hacer las cosas en un mes cuando quizá necesites un año. Hay personas que pueden dar el gran salto porque pueden gestionar de otra forma ese nivel de ansiedad. Otras necesitan ir pasito a pasito. No importa lo lento o rápido que vayas, lo importante es que te mantengas en movimiento. Cómo decía el filósofo Epícteto, lo que importa no es lo que te pasa, sino cómo reaccionas a lo que te sucede.

RESILIENCIA

Resiliencia es la capacidad que tiene un objeto de volver a su estado natural (como el ejemplo del capítulo 5, un muelle, que cuando lo aprietas se encoge, pero cuando lo sueltas vuelve a su forma original). En los seres humanos este concepto se refleja en la capacidad que tenemos de superar eventos dolorosos o traumáticos.

Al enfrentarnos a una situación de estrés, nuestros neurotransmisores nos preparan para la acción liberando hormonas como el cortisol, *pero el estrés crónico nos desgasta, altera el cerebro genética y neurológicamente y nos prepara para problemas de salud mental.* Para ser personas resilientes lo primero que tenemos que tener en cuenta es que pasan cosas de mierda. El sufrimiento es parte de la vida. Y tener esto presente hace que no te sorprendas tanto cuando te tengas que enfrentar a una situación difícil. Dejas de pensar: *¿Por qué me está pasando esto a mí?* Y comienzas a pensar: *¿Y por qué no? ¿Qué es lo que me hace diferente del resto de humanos para que no me pase nada malo?* Es importante dejar de creer que la vida es tan perfecta como las fotos que se suben a Instagram.

A principios de los setenta se creía que la resiliencia era algo innato en las personas, pero, según nuevas investigaciones, se afirma que no es nada que heredamos, sino que la resistencia de una persona al estrés depende en gran medida de su historia de vida y de los conflictos que ha padecido a lo largo de la misma. A la gente resiliente también se le da bien saber a qué le presta atención y, sobre todo, cuánta atención le presta a un evento. Es importante que nos enfoquemos más en aquellas cosas que sí podemos cambiar y aceptemos o dejemos ir aquellas cosas que no podemos. Como ya hemos dicho, los humanos somos buenos en ver el peligro o la debilidad porque en la prehistoria tenías que estar pendiente del tigre para huir, pero ahora, aunque nos enfrentemos a otros peligros del primer mundo, el cerebro los afronta todos como si fuesen el tigre. La gente resiliente tiene la capacidad de cambiar el foco de la atención para incluir lo bueno cuando pasa algo malo.

NOTA MENTAL

«El dolor es inevitable, el sufrimiento es opcional». BORIS CYRULNIK

El agradecimiento, del que ya he hablado, nos puede ayudar en esta tarea de cambiar el foco y es una herramienta muy infravalorada. En 2005, el psicólogo Martin Seligman hizo un experimento en el que pedía a los sujetos que dijesen tres cosas buenas que les habían pasado a lo largo del día durante seis meses. Descubrieron que esas personas tenían niveles más altos de gratitud, felicidad y menores niveles de depresión. La psicología positiva tiene sus detractores, pero este ejercicio de agradecimiento te pido que lo hagas desde la autocomplacencia, la simplificación o el dogmatismo. Agradecer no quita que nos enfademos o sintamos la injusticia, pero sí que analicemos y relativicemos los procesos. Por ejemplo, cuando falleció Ángel, de quien os he hablado, obviamente se me inundó la cabeza de pensamientos como *no es justo* pero los cambié por un *agradecida de haberle conocido y haber compartido treinta* años de vida a su lado. Esto no quita que no me doliera su muerte, que no deseara que siguiese vivo, pero en el duelo me sirve agradecer lo vivido en vez de querer estirarlo hasta romperlo.

Te animo a dejar aquí tus 3 agradecimientos del día:

Ojo, no nos equivoquemos, también es importante saber si a lo que te expones te está dañando o te está ayudando. Por ejemplo, si lo dejas con tu pareja y empiezas a ver todas las fotos que tenéis archivadas en tu móvil, ¿esto te está ayudando a superar el duelo y ver lo bonito que fue o, por el contrario, te duele exponerte a ello porque todavía tienes la herida muy reciente?

APRENDER A DECIR QUE NO

Decir que no se puede convertir a veces en un generador de ansiedad brutal y, sin lugar a dudas, en una decisión complicada. Muchas veces incluso podemos llegar a realizar acciones que no queríamos simplemente porque no somos capaces de oponernos a ello. Enfrentarnos al conflicto se convierte en una tarea más difícil que hacer aquello que se nos pide, por mucho que no queramos hacerlo. En algunos países incluso se puede considerar una falta de respeto.

Cuando nos atrevemos a decir que no, sentimos la necesidad de adornarlo con un *me encantaría, pero no puedo porque [inserte aquí excusa],* cuando en realidad no te encantaría y si pudieses tampoco lo harías. En este tipo de situación, si la otra persona presiona un poquito terminamos cediendo porque se nos acaban las justificaciones. Grábate a fuego que la palabra «no» ya es una frase completa.

En un curso de habilidades sociales que di en la Asociación Española de Psicología Sanitaria me enseñaron la técnica del disco rayado, y mi vida cambió en ese instante. Esta técnica consiste en contestar siempre de la misma manera y en el mismo tono, como si fueses un disco rayado.

Por ejemplo, me llamó el otro día una comercial para venderme una superoferta increíble y muy limitada, me dijo:

—Hola, buenas tardes, te traigo una oferta muy buena para que puedas ahorrar en tu factura de teléfono, ¿me indicas por favor en qué compañía estás ahora?

—Muchas gracias por la propuesta, pero ahora mismo no me interesa ahorrar.

—Pero a todo el mundo le interesa ahorrar.

—Gracias, pero ahora mismo no me interesa ahorrar.

—Vale, ok, hasta luego.

Al final me colgó ella, pero no siempre es tan sencillo. Hay veces que, incluso siendo claros, alguien intenta superar los límites que hemos impuesto, y, por no generar una situación incómoda terminamos cediendo, aunque realmente no nos apetezca nada. Por ejemplo: es febrero, hace mucho frío y estás con unas amigas en tu casa tomando algo. Una de ellas te pregunta si se puede encender un cigarro:

—Me voy a encender aquí el cigarro, ¿vale? Hace un frío frutal.

—La verdad es que prefiero que te lo fumes en la ventana, no me gusta el olor que me deja en la casa.

—Pero, tía, que está lloviendo y hace frío, qué más te da que me lo encienda.

—Es que no me gusta el olor que me deja en la casa.

—Que luego abrimos las ventanas y aireamos. Me lo enciendo, ¿vale?

—Sal mejor a la ventana, que no me gusta el olor que me deja en la casa.

—Tía, pensaba que éramos amigas, no sé por qué te pones así, me voy a poner mala.

—Somos amigas, pero no me gusta el olor que me deja en la casa.

—Bueno vale, salgo a la ventana.

> ### NOTA MENTAL
>
> Aquella persona que se enfada porque pones límites es la que antes solía saltárselos.

DEPENDENCIA EMOCIONAL

Otro de los grandes factores que nos pueden generar ansiedad es la dependencia emocional, que no es otra cosa que la anticipación del sentimiento de abandono. Quiero desarrollar un poco más esta idea, ya que está asociada a personas pegajosas, que no saben estar solas, que pueden llegar a ser incluso un poco molestas. Pero, piénsalo, no podemos ir del extremo de la dependencia absoluta que tenemos en la infancia a la independencia máxima de la edad adulta. Una persona completamente independiente puede llegar a tener una patología social y emocional, ya sea por la soledad o falta de empatía. Como decíamos en el capítulo del miedo, tenemos que pasar de la dependencia vertical a la horizontal. ¿Qué hace falta? Autonomía e intimidad.

Para conseguir esta estabilidad de autonomía e intimidad, el psicólogo clínico Arun Mansukhani habla de dos variables importantes: la regulación emocional (en concreto la autorregulación) y la seguridad emocional.

Comencemos hablando de la **regulación emocional,** que es todo lo que haces para influir en tu estado de ánimo y tus emociones. Tenemos dos tipos de regulación emocional:

- **La autorregulación:** es algo intrínseco, que haces para sentirte mejor, por ejemplo, lo dejas con tu pareja y comienzas a cuidar tu alimentación, hacer deporte o meditación. (Si haces lo contrario, por ejemplo, empezar a irte de fiesta cuatro veces por semana para no pensar sería *desregulación).*

- **La corregulación:** es aquello que haces con otras personas para encontrarte mejor. Por ejemplo, llamas a alguien para compartir cómo te sientes. (Si necesitas hablar con tu amiga ocho horas al día durante dos meses o evitas hablar con absolutamente del tema con nadie sería desregulador).

Hay personas que son muy buenas autorregulándose. Así que cuando tienen un conflicto, en vez de pedir ayuda, tienden a aislarse, a alejarse, porque necesitan autorregularse antes de contactar con los demás. Pero también vemos que hay personas que son muy buenas corregulando, pero muy malas autorregulando, y cuando hay un conflicto necesitan ese contacto externo antes de intentar interiorizar. Hay que encontrar un equilibrio.

Si en una relación de pareja hay un corregulador excelente y un autorregulador nato suele haber una gestión complicada, porque una parte intentará huir del problema y la otra parte necesitará perseguirlo. Es decir, que cuando hay un conflicto se co-desregulan (aparcan los problemas en vez de resolverlos). Este es uno de los elementos centrales que distingue a las parejas que funcionan bien de las que funcionan mal. El conflicto en sí no es el problema, es cómo se resuelve ese conflicto en pareja.

Por otro lado, cuando hablamos de seguridad emocional nos referimos a cuánta seguridad sientes estando a solas o con gente, es decir, si estando a solas te sientes en paz y calma, y si estando con gente (aunque sea poca y de confianza) estás a gusto.

Todo esto te lo cuento porque, como hemos dicho arriba, para encontrar la dependencia horizontal hacían falta autonomía e independencia. Pues bien, si puedes autorregularte y estar bien a solas tienes esa capacidad de autonomía. Si puedes corregularte y estar bien con los demás tienes la capacidad de intimidad.

NOTA MENTAL

No busques desesperadamente la independencia, busca una dependencia sana o interdependencia.

Entonces ¿cuáles son los miedos que no nos permiten conseguir esa capacidad de autonomía o intimidad y nos hacen ser dependientes emocionales?

En la regulación emocional, como hemos dicho, hay personas que se corregulan muy bien (es decir, en sociedad), pero tienen más problemas para estar a gusto cuando están a solas. Es el llamado apego ansioso. Entonces tienen miedo, muchas veces inconsciente, al abandono, ya sea real o emocional. El miedo a que te dejen de querer. El miedo de no ser suficiente. Este tipo de personas se esfuerza constantemente para que los quieran. ¿Cómo? Cayendo bien, forzando la sonrisa, siendo muy eficaces y eficientes, olvidándose de sus propias necesidades y centrándose en las de los demás... A ese tipo de personas les viene muy bien la técnica del disco rayado porque les suele costar mucho decir que no. Mansukani los llama *dependientes sumisos,* ya que hacen las tareas que no quiere hacer nadie. Su autoestima depende de los demás.

Por otro lado, hay otras a las que les da miedo la corregulación. Es decir, si los dependientes sumisos tienen miedo a la autonomía, estos tienen miedo a la intimidad. Es el llamado apego evitativo. Su miedo es ser invadidos, perder la individualidad, la autonomía. Entonces, estas personas se alejan, ponen distancia. Necesitan espacio con los demás, pero también consigo mismos. Piensan que de alguna manera sienten menos emociones o a menor intensidad que los demás. Tardan mucho o a veces incluso nunca te presentan a la familia, no necesitan conocer a tus amigos... A este perfil no le suele importar mucho lo que opine el resto y muchas veces se sienten culpables por sentir que no están a la altura del amor que se les demanda.

Si nos fijamos en la seguridad relacional, tenemos otro perfil al que se le llama *dominante.* Si el tipo dependiente tiene miedo de ser abandonado, el tipo dominante siente (de forma inconsciente) la convicción de que si las personas le conocen de verdad le van a abandonar. O que no se pueden fiar de los demás porque van a terminar traicionándolo, entonces entablan relaciones desde el control. Este tipo de control puede ser agresivo y directo o incluso a veces agresivo-pasivo (que no parece que están controlando). Por ejemplo, si le dices a tu madre que vas a salir a tomar una cerveza y ella te responde: *Claro, pásalo muy bien pero no llegues muy tarde porque hasta que tú no llegas sabes que no puedo dormir.*

Por último, está el tipo codependiente, que puede llegar a desarrollar dependencia inversa (te cuidan tanto que te hacen sentir que sin esa persona no eres nada). Tienen un perfil nato de cuidador, ya que siente que su valía está en lo que la otra persona le necesita, y cuanto más mejor. Pero este perfil se acerca más al dominante que al sumiso, ya que tienen muy claras cuáles son sus necesidades y deseos, y, en el fondo, es lo que están persiguiendo. Que tú te sientas cuidado y querido es lo que los hace sentirse en calma.

Aunque es evidente que el equilibrio perfecto no lo tiene casi nadie, la idea es no caer en estos desequilibrios, ya que desestabilizan nuestra independencia y nos hacen tener relaciones poco sanas, puesto que los distintos tipos de dependencia emocional tienden a complementarse.

Lo más común es que un perfil cuidador termine con uno evitativo, ya que los primeros entienden el espacio que necesitan los segundos y les convencen de esa autonomía haciéndolos dependientes de su cariño. El perfil dominante suele conectar con el sumiso por cuestiones obvias.

Por suerte, cada vez es más común poner límites dentro de una relación y hay más personas que se trabajan a nivel emocional para tener relaciones interpersonales y no de dependencia emocional. Esto no es un voluntariado de emociones, trabajarse emocionalmente conlleva mucha gestión y muchas sesiones de terapia, así que la gente que ha pasado o que está en proceso de terapia no suele aceptar estos modelos de desequilibrio tan potentes. Lo fundamental es que hay que depender de los demás, pero de forma sana, y tener buena autoestima ayuda, y mucho.

AUTOESTIMA

La autoestima es una de las bases para mantener una buena salud mental y, por supuesto, tener una buena autoestima es una herramienta maravillosa para combatir la ansiedad y cualquier miedo.

La psicóloga Silvia Congost afirma que la falta de autoestima es la base de la gran mayoría de problemas que vivimos los seres humanos. Hay un estudio realizado por investigadores de la Universidad de Berna que dice que la autoestima se construye entre los cuatro y los diez años, pero después va aumentando y llega a su punto más álgido a los sesenta (supongo que será porque ya tienes experiencia en la vida y te empieza a dar verdaderamente igual lo que opine el resto sobre ti). Entre los sesenta y los setenta es cuando, en general, la persona tiene mejor autoestima. A partir de los setenta va disminuyendo, quizá porque ya dejamos de trabajar, físicamente flojeamos, dependemos más de otros... Esto al menos en occidente, que es donde se enfocaron estos estudios. Quizá en otros lugares del mundo y en otras culturas el resultado podría haber sido distinto, quién sabe.

Nathaniel Branden, que es un psicoterapeuta canadiense, resume seis pilares básicos para aumentar la autoestima.

- **Vivir de una forma consciente:** cuando nos analizamos, nos hacemos preguntas, tratamos de mejorar internamente.
- **Aceptación:** cuando nos abrazamos por ser cómo somos y conectamos con nuestro niño o niña interior. Analiza cómo ha sido tu infancia y cuáles han podido ser tus carencias. Esto te ayudará a entender

por qué hoy eres quien eres. Nos permite conectar con la compasión.

- **Tomar responsabilidad:** cuando nos aceptamos como somos, pero también entendemos en qué aspectos podemos mejorar. No sirve el *soy así,* pero tampoco es cuestión de tener que cargar con todo. Tomar responsabilidad también es pedir ayuda si no puedes hacerlo tú (la corregulación de la que hablábamos antes).
- **Asertividad:** cuando expresamos nuestros derechos, gustos, opiniones delante de otras personas siempre con respeto. Es la capacidad de decir *no* que tanto nos cuesta, y más cuando nuestra autoestima no es lo suficientemente fuerte porque tenemos miedo a generar conflictos.
- **Vivir con un propósito:** cuando tenemos objetivos, sabemos hacia dónde vamos en la vida. A mí personalmente me ha costado mucho llegar a entender dónde tengo que estar y todavía no lo tengo claro, solo sé que estoy en el camino. Es muy frustrante pensar que no vas a encontrar nunca esa pasión. Sentir que vas a la deriva genera mucha ansiedad. Por eso tener metas es importante, aunque sean muy pequeñitas.
- **Vivir de forma íntegra:** es importante decir cuando alguien está haciendo las cosas bien y no solo recriminarle cuando lo hace mal. No juzgar o etiquetar y saber poner límites.

—— **MICROCUENTO** ——

Tienes que aprender a soltar el control, me repito a menudo. Recuerdo que la primera vez que hablé con mi psicóloga le dije que le iba a preparar un documento con todo lo que quería tratar en sesión. Durante esa semana iba posponiendo el momento de sentarme frente al ordenador para escribir mis traumas. Empecé a sentir ansiedad. Llegué a la primera consulta sin nada preparado salvo un *creo que el principal problema por el que estoy aquí es porque necesito tenerlo todo controlado. Me he dado cuenta de que incluso quería preparar esta sesión para que tú tengas la información necesaria y puedas hacer así mejor tu trabajo en el menor tiempo posible.* Después de un año de terapia Silvia me dijo algo que cambió mi percepción para siempre: *¿Te das cuenta de que has dejado de hablar de emociones y has comenzado a sentirlas?* Es curioso cómo a veces hablamos de nuestros traumas como si fuese la sinopsis de una película que hemos visto el fin de semana, esa despersonalización que nos permite hablar de aquello que duele sin interpretarlo como propio. Hay que hacer curas con segunda intención. Deja que la emoción te atraviese para que no se atragante. Escúchala. Tiene mucho que contarte.

TRÍO CALAVERA: EL ODIO,
LA VERGÜENZA Y LA CULPA

Los muertos reciben más flores que los vivos porque la culpa es más fuerte que la gratitud.

ANNE FRANK

Odiar cansa mucho y es muy doloroso, tienes que estar repitiendo una y otra vez por qué odias a esa persona para que no se te olvide. Aunque también te digo una cosa: tristemente, no hay emoción que más una que el odio. Imagina que vas en el vagón del silencio del tren y tienes al lado a la típica persona que va hablando alto y riendo por teléfono. Miras a tu derecha y ves que la persona sentada en el asiento contiguo tiene la misma cara de acelga que tú. En ese momento se genera una conexión única que es difícil que otra emoción hubiese generado, tienes algo en común con esa persona desconocida, y es que odiáis el poco respeto que está teniendo ese individuo. Otro ejemplo. Vas por primera vez a conocer a la familia de tu pareja, no sabes muy bien de qué hablar, pero de repente su tía dice una frase que lo cambia todo: *odio la tortilla de patatas con cebolla. No entiendo por qué ahora todo el mundo le quiere poner cebolla si está mejor sin nada.* Si a ti también te pasa ya puedes desvariar un rato largo sobre cómo es posible que haya gente a la que le guste más la tortilla con cebolla. Puede que los dos améis el chocolate, pero el odio hacia la gente a la que le gusta la tortilla con cebolla va a dar mucho más de qué hablar. Tener un enemigo identificable es una potente fuerza unificadora, un claro ejemplo de tú y yo *contra ellos.* Esto lo hacen todo el rato las marcas. Coca-Cola vs Pepsi; Madrid vs Atleti; Apple Vs Samsung, derecha vs izquierda... El sentido de pertenencia hace que tu grupo social o marca sea para ti un estilo de vida y lo defiendas, a veces llegando al extremo (como los hinchas de fútbol o los fanáticos religiosos). Sin un *opositor* la marca o el ideal en sí no tendría tanta fuerza. ¿Lo has pensado alguna vez?

Según Nietzsche, el odio nos ayuda a mantener cierto estado de alerta intelectual.

Cuando aceptamos lo que dice la mayoría del grupo (solo porque lo dice la mayoría y no queremos romper esa cohesión, no porque realmente lo creamos), una persona que odie esa decisión será capaz de forma más sencilla de ponerse en contra, y esto resultaba útil cuando, en el pasado, a veces las decisiones colectivas podían suponer la muerte.

NEUROBIOLOGÍA DEL ODIO

Para analizar el odio en el cerebro, los neurocientíficos Semir Zeki y Paul Romaya utilizaron la técnica de resonancia magnética funcional (para ver el cerebro en vivo y en movimiento) de personas que habían expresado odio explícito a alguien, como a un examante, a un compañero de trabajo, o incluso a un político. Los metían en la máquina y les ponían fotos de esa persona.

Es curioso porque, entre otras áreas, una de las que destacaba por su mayor actividad era la corteza prefrontal (asociada al juicio y razonamiento y que como puedes recordar del capítulo 4, se desactiva en el amor). Pues en el caso del odio no, como si esa emoción requiriera conservar la capacidad de razonar para calcular mejor cómo proceder contra la persona a la que odias o para mantener vivos los pensamientos que lo alimentan y lo incrementan, esa sed de venganza que te va consumiendo poco a poco. Como ves, el famoso dicho *del amor al odio solo hay un paso* es cierto, más particularmente, el paso mayor o menor conexión en la corteza prefrontal.

Y es que aparte de la corteza prefrontal, cuando odiamos también se activan áreas como el núcleo putamen, la corteza premotora bilateral y la corteza insular, que son estructuras del cerebro que, entre otras funciones, participan en la percepción del desdén y el asco. Pero es que estas estructuras también se activaban en el cerebro de estas personas cuando sentían amor romántico. El odio, como vemos, no es un sentimiento contrapuesto al amor. Es más, cuando alguien que nos importa mucho hace algo que nos parece injusto o que no somos capaces de comprender sentimos rabia, nos duele mucho más que si es alguien desconocido quien lo hace.

La neuróloga Tania Singer mostró con sus experimentos que cuando se activa el mecanismo neuronal del odio inhibimos lo que podríamos llamar el *circuito de la empatía*. Deseamos el sufrimiento de otras personas sin sentirnos culpables por ello, lo justificamos bajo la creencia de que esa persona debe sufrir para ser castigada. Es más, según el psicólogo David Buss, más del 90 % de los hombres y del 80 % de las mujeres han fantaseado alguna vez con el asesinato. Menos mal que tenemos mecanismos de frenada.

NOTA MENTAL

«El autocontrol es más importante para evitar la agresividad que la propia ausencia de odio».
DAVID BUSS

James Averill confía en que expresar tu enfado de forma controlada es mucho más sano que reprimirlo. Expresar la ira con firmeza, pero sin crueldad, te puede ayudar a sentirte mejor. Si te vas tragando tu rabia te generará sed de venganza y te irás envenenando poco a poco. El odio hay que sentirlo, pero hay que aprender a soltarlo.

EL ODIO EN EL MUNDO ONLINE

Hater es la palabra que se ha cogido prestada del inglés para referirse a una persona que odia a otras, sobre todo en entornos digitales. Es una persona que suele tener bastante falta de compasión por los demás. Hoy en día, con las redes sociales, es muy común que alguien te haga un comentario desagradable y tú lo estés rumiando durante días mientras que esa persona lo escribe y sigue con su vida. Hace un tiempo escuché una frase que me marcó mucho y que decía algo como: *Nadie se va a acordar de que hace diez años hizo un comentario a una persona gorda sobre su cuerpo, pero tú sí te vas a acordar de que no fuiste a la playa durante diez años por ese comentario.*

No es justo que te limites por el odio que nace de otro ser humano. Hay que intentar rumiar estos pensamientos lo menos posible, sacarlos en el momento, sentir esa ira al instante y dejarla ir. Sería genial decir que te da igual y que eso funcionase, pero ignorarlo suele ser complicado. Los comentarios de odio nos afectan, ya sabemos que el rechazo social le duele al cerebro como si nos hubiesen dado una patada en la espinilla. No hace falta que respondas a su mensaje, pero si lo haces intenta que sea con sentido de humor. Esta persona te está atacando, si tú la menosprecias está consiguiendo lo que quiere. Intenta darle la vuelta a la tortilla y entiende que ese comentario es en realidad un cumplido porque esa persona envidia algo de ti. Con esto no digo que se tenga que tolerar el bullying ni dejar que esos ataques se queden como una broma, porque no lo son. Hay límites que no tienes por qué saber gestionar y a los que no nos deberíamos enfrentar. Borrar, bloquear y denunciar estos comentarios también es muy lícito y valiente.

NOTA MENTAL

No discutas con un idiota. Te ganará por la experiencia.

Puede que entender la motivación del *hater* para hacer los comentarios que hace nos ayude a relativizar y comprender que no te está atacando a ti directamente, sino que está intentando rebajarte para ponerte a su nivel. Algunas de sus características y motivaciones básicas son:

- **La envidia:** por raro que parezca, cuando una persona te está insultando deliberadamente en redes sociales lo que mayoritariamente siente es envidia. Su pensamiento es que es injusto que tú tengas lo que él o ella desea, no te lo mereces. Y, es curioso, porque al cerebro le duele mucho todo aquello que considera injusto, así que su manera de aliviar ese dolor es atacándote.

- **El desprecio:** ya hemos dicho que un hater suele tener falta de compasión, pero pueden llegar a tener también falta de empatía hacia los demás, y esto, dependiendo del nivel, puede llevar a ser un rasgo de psicopatía. Y es que la persona está (no voy a decir tranquilamente, porque un hater no siente mucha paz en su interior) escribiendo barbaridades a través de una pantalla, muchas o la mayoría de las veces, sin plantearse en cómo eso le puede estar afectando a la otra persona.
- **La inferioridad:** esta persona, comida por la envidia, siente que de alguna manera es inferior a ti, y su manera de lidiar con estos sentimientos de impotencia y ansiedad que le genera esa envidia es intentar bajarte a su nivel para sentirse, ya no superior, sino igual.
- **Baja autoestima:** todo esto, como imaginarás, revela la baja autoestima que pueden tener y por qué actúan como actúan para saciar su odio.

El odio en las redes sociales se incrementa. De alguna manera la gente se crece al estar protegida tras una pantalla y poder utilizar perfiles falsos. En general son conscientes de que lo que hacen está rechazado por la sociedad y como no quieren ser rechazados en sus círculos utilizan un perfil que nadie pueda reconocer para descargar toda esa ira contenida y mal gestionada.

HACER Y RECIBIR CRÍTICAS

Hablando de opinar, hice otro curso de habilidades sociales en la Asociación Española de Psicología Sanitaria, y uno de los temas que tratamos fue el de hacer y recibir críticas. Siendo realista, creo que es difícil aceptar críticas, pero a veces es incluso más complicado hacerlas. Obviamente hablo en todo momento de críticas constructivas, el resto deberíamos callárnoslas porque muchas veces nos lanzamos a opinar con muy poco tacto. ¿Cuándo son constructivas? Te cuento:

1. Cuando el comportamiento que criticas realmente puede cambiarse.
2. Cuando buscas decirlo de forma que no resulte hiriente para la otra persona.
3. Cuando lo haces con intención de ayudar.

Si lo que quieres decir no cumple estos criterios, plantéate si realmente merece la pena realizar una crítica a esa persona. Y es que las críticas son peligrosas, además de porque hacen daño, porque pueden convertirse en profecías autocumplidas. Si tú criticas un comportamiento, puedes hacer que ese comportamiento aparezca con más frecuencia. Por ejemplo, el típico pesado que va diciendo: *Cuidado que te vas a caer. No vayas tan rápido que al final te caes. Eres muy torpe, si sigues así te vas a terminar cayendo.* Y cuando, te hartas y te enervas por estas críticas te caes, te dice*: Ves. Te lo dije.*

Si de verdad te quieres lanzar a pedir un cambio de comportamiento en alguien estos son algunos puntos a tener en cuenta:

1. **Habla de lo que la otra persona hace y no de lo que la persona es.** Hablar de lo que una persona es sería: *Has puesto mal la mesa, <u>eres</u> un desastre.* Hablar de lo que la persona hace se escucharía así: *Has puesto mal la mesa. A veces <u>haces</u> las cosas demasiado deprisa y no quedan bien.* Hay un gran cambio entre una frase y otra. En la primera le estamos diciendo a la otra persona que su forma de ser es la responsable de acometer mal la acción (poner la mesa), por lo tanto, le estamos poniendo una etiqueta que no puede cambiar. Es más probable que si hablas de cómo es una persona esta se ponga a la defensiva y siga haciendo las cosas mal para molestarte y demostrarte que sí, que tú tienes razón y que es así y que no lo puede cambiar. En el segundo caso, hablamos desde una perspectiva más realista y justa, sin poner etiquetas, lo que hace más probable que la otra persona se dé cuenta de que puede hacer algo para cambiar su comportamiento y quizá, poner la mesa con más cariño la próxima vez.

2. **Discute los problemas de uno en uno.** Muchas veces, cuando aparece un problema concreto, aprovechamos para traer al presente problemas pasados no resueltos (hacer una montaña de un grano de arena). Tienes que intentar centrarte en el problema actual, solucionarlo y olvidarte de él, así no volverá a surgir en un futuro cuando aparezca un conflicto diferente.

3. **Evita las generalizaciones.** Cuando vamos a hacer una crítica es muy fácil caer en el *siempre* o *nunca*,

sobre todo si no estáis de acuerdo y sacáis problemas del pasado encima de la mesa.

—*Nunca pones bien la mesa*

—*¿Ah sí? Pues tú siempre dejas los platos sucios en el fregadero en vez de meterlos al lavavajillas.*

Los *nunca* y los *siempre* suelen hacer que las personas no se sientan valoradas. En cierta manera estamos poniendo una etiqueta un poco injusta, ¿no crees? Con que la persona ya lo haya hecho bien una vez tiene el recurso de contestar atacando. *¿Pero qué dices? El otro día lo recogí todo y lo metí en el lavavajillas.* Si te das cuenta, le has dado argumentos para que piense que lo que dices es mentira y, por lo tanto, tu argumento pierde valor, y, lo peor de todo, acabas discutiendo en vez de conseguir llegar a un acuerdo.

NOTA MENTAL

Nunca generalices porque siempre te equivocas.

---

4. **Elige el momento y lugar adecuados.** Es posible que superemos todos los pasos anteriores, pero esto no va a servir de nada si no hemos elegido el momento adecuado. A la hora de entablar una conversación, y más si se trata de una crítica, hay que cuidar el ambiente (el lugar, el ruido que haya, el nivel

de intimidad, etcétera). Si lo que se va a hacer es pedir explicaciones a alguien o criticarlo es mejor esperar a estar a solas con esa persona, no lo hagas delante de su familia o amigos porque es muy incómodo para todo el mundo.

Y ahora vamos al otro lado de la moneda. Nos toca reaccionar ante una crítica. No todo el mundo reacciona siempre de la misma forma ante las críticas. Hay muchos factores que marcan la manera en la que vas a reaccionar. Las críticas que comparten varias personas hacia ti te van a afectar más que si son críticas aisladas o individuales. Uno de los elementos que más afecta es la relación que tienes con la persona que te hace la crítica. A mí personalmente me resulta más difícil reaccionar con calma ante una crítica cuanto más cercana es la relación que tengo con esa persona.

Como comenta el psiquiatra David Burns en su libro *Sentirse bien,* mucha gente teme a la crítica porque no ha aprendido técnicas eficaces para hacerle frente. En realidad, no son las críticas lo que te molesta. Estas por sí mismas no tienen la capacidad de hacerte sentir ni siquiera un poco de incomodidad. Cuando otra persona te realiza una crítica, tu mente puede que se empiece a llenar de pensamientos negativos y son esos pensamientos los que generan en ti sentimientos molestos y comportamientos inadecuados. El primer paso para manejar bien una crítica es aprender a identificar los pensamientos negativos que tienes cuando te critican. Si los anotas, te resultará fácil trabajar con ellos. Detectando cuáles son los pensamientos que tienes cuando te critican te resultará más fácil entender por qué tienes determinadas emociones.

Hay tres tipos de persona diferentes si atendemos a cómo reaccionan a las críticas:

1. **La ficha de dominó:** Las fichas de dominó son personas que cuando reciben un empujón de una crítica se caen. Toman una actitud depresiva y suelen intentar evitar a la persona que les ha hecho la crítica. De alguna manera creen que la crítica se extiende más allá del hecho criticado y antes de analizarlo ya piensan que han fallado. Les resulta muy difícil sobreponerse a las críticas y volver a levantarse. Las fichas de dominó suelen pensar que los demás siempre tienen razón y tienen pensamientos como:

   - *Yo no debería cometer este tipo de fallos.*
   - *Es horrible haberme equivocado.*
   - *Soy un desastre.*
   - *Nunca voy a ser capaz de hacerlo bien.*

2. **El rastrillo:** Los rastrillos son personas que cuando reciben el pisotón de una crítica responden atacando e intentan hacer sentir mal a la persona que les ha criticado (como cuando pisas un rastrillo y te da el palo en la cara). Suelen darle la vuelta a la tortilla: *¿Que yo no recojo bien mi cuarto? ¡Pues anda que tú no veas cómo dejas de migas la cocina y nadie te dice nada!* Pero no siempre se enfrentan con malas respuestas. En ocasiones desde fuera parecen aceptar la crítica, pero por dentro, en lugar de verla desde un punto de vista constructivo, tienden a despreciar

el punto de vista de la persona que les ha hecho la crítica. Tienen pensamientos como:

- *¡Tú que sabrás!*
- *Yo lo hago bien y no tienes nada que criticar.*
- *Puede que lo haga mal, pero tú no eres la mejor persona para criticarme esto.*
- *No tienes por qué criticarme nada.*
- *No tengo por qué soportar esto.*

3. **La muñeca rusa:** ¿Sabes lo que es una muñeca rusa o una matrioska? Es una muñeca de madera o porcelana que tiene encajada dentro otra muñeca más pequeña y así hasta veinte muñequitas más o menos. Las personas que actúan como una muñeca rusa pueden relativizar la crítica y entender que no están atacando a su persona en conjunto, solo una parte concreta y específica, y como buena muñeca rusa, sabe que dentro de ella hay muchas más características y habilidades, y muchas de ellas son muy valiosas. Otra virtud de muchas muñecas rusas es que tienen la base cóncava y mantienen el equilibrio ante un empujón. Así, si te empujan con una crítica, tras un breve tambaleo, vuelves a ponerte en pie. Sus pensamientos son:

- *Reconozco que puedo haberme equivocado o fallado, o incluso haberlo hecho bien y aun así tener que mejorar. Vamos a ver en qué me puede ayudar esta crítica.*

- *La persona que me critica critica algo que observa en mí. No está despreciando toda mi persona.*
- *No soy un desastre, pero sé que puedo hacerlo mejor. Voy a aprender de mis errores.*

¿Tú con cuál te reconoces más?

VERGÜENZA Y CULPA

La vergüenza y la culpa son emociones más complejas de analizar e investigar porque son emociones sociales y varían mucho dependiendo del lugar en el que vivas. Se pueden denominar *emociones autoevaluativas o sociales*, porque surgen cuando nos valoramos de forma positiva o negativa en relación con lo que creemos o lo que es correcto, y esto depende en gran medida de lo que hayamos vivido y dónde. Lo que está mal visto en España puede ser de lo más normal en otra parte del mundo. Por ejemplo, en Finlandia tienen un campeonato de lanzamiento de bota que se toman muy en serio. Este consiste en lanzar una bota de lluvia lo más lejos que puedas. Por otro lado, en Japón celebran todos los años el festival del pene en honor a la fertilidad, que consiste en que el primer domingo de abril llenan las calles de penes en todos los formatos (ilustraciones, dulces, esculturas...) y los fondos recaudados se destinan a la investigación del sida. Es por eso por lo que el famoso *tierra trágame* suele aparecer cuando incumplimos las normas sociales que consideramos obligatorias (en España, ir a trabajar con una diadema de pene en la cabeza no está bien visto, que te la pongan tus amigas en tu despedida de soltera sí). Así, la mayoría de los autores coinciden en que para sentir vergüenza y culpa se tiene que tener cierta noción del yo que te permita valorar tus propias acciones de acuerdo con las normas. La diferencia entre ambas emociones todavía se está estudiando, aunque hay teorías que indican que la vergüenza es una emoción más pública, ya que surge de la desaprobación de los demás, mientras que la culpa es una emoción más privada porque surge de nuestra propia desaprobación. Mientras que cuando sentimos vergüenza deseamos escapar de la situación, la culpa nos hace estar ligados a esa misma situación para intentar repararla.

Cuando sentimos vergüenza, se activan áreas del cerebro relacionadas a cuando imaginamos que alguien nos critica. Es decir, no hace falta ni experimentarlo de forma real, sino que pensando en ello ya podemos sentirlo. La vergüenza hace que dirijamos la atención a nuestro interior y nos critiquemos de manera negativa, porque sentimos que con nuestros actos hemos atentado contra nuestra propia imagen ideal. El sociólogo Sighard Neckel, de la Universidad de Hamburgo, la describió en 1993 como *una herida en el propio yo*.

——————— MICROCUENTO ———————

Ya había pasado un mes desde que quedaron por primera vez. Cada vez pasaban más tiempo juntos en su casa. No era muy grande, pero era perfecta para pasar las horas. Les encantaba despertarse, hacer el desayuno, tomarse el café y..., claro, la naturaleza llama a la puerta. El sudor frío le bajaba por la nuca y se le erizaba la parte baja del culillo mientras apretaba, esperando a que se le pasará el retortijón, que ni de broma iba a liberar mientras él siguiese allí. Por mucho que le gustase estar a su lado había cierto alivio cuando él se marchaba, porque por fin podía cagar tranquila, sin preocuparse del pedo sonoro o del olor de después.

Hicieron su primer viaje juntos, tres maravillosos y largos días con sus noches en Cuenca. El apartamento era monísimo, pero la cama estaba a escasos metros del baño. Consiguió aguantar un día, pero al segundo su tripa empezó a gritar de dolor. Le pidió que se pusiera los cascos de música para poder evacuar todo lo necesario, después se dio una larga ducha de agua caliente para que el vapor eliminase el olor.

Cinco años más tarde, cuando se tira un pedo en el sofá se ríen e incluso él se lo devuelve. Conclusión: la vergüenza es una mierda.

Se hizo un metanálisis a gran escala en la Universidad del Norte de Illinois en el que se examinaron 108 estudios con más de 22.000 sujetos que reveló que existe relación entre la depresión y la tendencia a avergonzarse, y que también se puede asociar al trastorno de ansiedad. Y es que el poder de las palabras y de cómo nos hablamos es, quizá, más importante de lo que pensamos. No quiero que nos quedemos con la positividad tóxica de *piensa en tus sueños y se harán realidad*. Los sueños hay que construirlos y trabajarlos. Y mucho. Pero un dato que me pareció curioso es que el psicólogo ruso Lev Vygotsky investigó si el cerebro actúa igual cuando hablamos en voz alta o estamos pensando, y sí. Se activan las mismas áreas. Por otro lado, el psicólogo Charles Fernyhough destacó que esas conversaciones internas que tenemos pueden llegar a generar cuatro mil palabras por minuto, unas 10 veces más rápido que la comunicación verbal. O sea que, en realidad, cómo nos hablamos a nosotros mismos es muy poderoso porque activa las mismas áreas que cuando hablamos en alto, pero además lo hace diez veces más rápido.

Por eso, nuestro diálogo interno moldea nuestra realidad y nuestras creencias. Y eso también afecta a cómo sentimos las cosas. Cómo nos hablamos día a día puede fortalecer áreas del cerebro y mejorar el estrés, regular el estado de ánimo o incluso ayudarnos a ser más eficientes. Y hablarnos mal también nos puede perjudicar. El profesor de medicina John H. Krystal realizó un estudio para demostrar el impacto de nuestras palabras y concluyó que el diálogo interno negativo a diario es capaz de debilitar estructuras del cerebro haciendo que la persona que se habla mal se vuelva más vulnerable a sentir estrés. Sin embargo, si nos hablamos bien y usamos frases positivas trabajamos áreas del cerebro como el lóbulo frontal (que nos ayuda a organizar, gestionar, planificar...) y también hacemos que nuestro cerebro libere dopamina (la comúnmente conocida como hormona del placer), generando sensación de calma.

Como vemos, hablarnos bien es más importante de lo que quizá pensabas. Pero claro, cambiar la forma en la que te llevas años hablando puede no ser sencillo, y puede, incluso, que necesites terapia. Algo que a mí me ayuda es pensar en mí en segunda persona, es decir, hablarme como si le estuviese hablando a mi mejor amiga. Es alucinante cómo cambia la cosa. ¡La compasión y empatía que tienes con los demás y lo cruel que puedes llegar a ser contigo!

Volviendo al tema de la vergüenza, es importante saber que no todo el mundo se avergüenza de la misma manera. Como decía antes, la vergüenza es una emoción social y el contexto en el que vivimos afecta mucho a lo que consideramos que está bien o mal. Se hizo un estudio en 2010, dirigido por Ulrich Orth, de la Universidad de Berna, a más de dos mil seiscientas personas entre trece y ochenta y nueve años que vivían en su mayoría en EE. UU. Se descubrió que los jóvenes suelen tener más vergüenza que los adultos. A partir de los cincuenta se siente mucha menos vergüenza, lo que puede estar relacionado con que cuando eres joven no tienes la personalidad del todo formada y de alguna manera te estás intentando ganar tu lugar en la sociedad. Pero cuanto más crecemos, menos nos importa lo que digan de nosotros y relativizamos mucho más. Esa sensación de vergüenza vuelve en la tercera edad, entiendo que porque perder salud e independencia debe ser complicado. Pero no solo depende de la edad, sino también del sexo. Las mujeres se avergüenzan más y con mayor intensidad que los hombres, pero este dato tampoco sorprende mucho, ya que desde que somos pequeñas a las chicas se nos inculca lo que es correcto: *una señorita no dice palabrotas, no se sentaría así, no se vestiría de esa manera, no pensaría eso…, si sigues por ese camino no te vas a casar nunca.* Al igual que con el físico, en todas las facetas vitales se nos exige mucho más, por lo que las mujeres estamos más expuestas a exigencias sociales. Esto se ve muchísimo en las revistas de cotilleo, por ejemplo, dónde se les da una importancia extrema a los cuerpos de las mujeres, cosa que no pasa con los hombres. Vi el otro día una noticia donde decía que Jennifer López había cumplido cincuenta y tres años y que había subido una foto tumbada en la cama haciéndose un selfi. Decían que a pesar de *lo complicado de la postura* se le podía distinguir un cuello sin ninguno de los signos evidentes del envejecimiento típicos de una persona a partir de los cuarenta: ni arrugas, ni papada, ni descolgamientos. Queridos periodistas, de todo lo que podéis hablar de Jennifer López, ¡decidís hablar de su no papada! Pero es que este es solo uno más de los miles de artículos que nos impactan cada día.

También tenemos mucha vergüenza a la desnudez, aunque esto depende mucho de si en tu familia el cuerpo desnudo está normalizado o no, hay una raíz sociocultural clara, y cuando empiezas a hilar conceptos alucinas. En el primer libro de la Biblia se habla de Adán y Eva desnudos sin sentirse avergonzados de ello, pero cuando ambos comen del árbol del conocimiento se avergüenzan el uno del otro, porque se vuelven conscientes de su desnudez y se tapan con hojas de higuera. De repente, la desnudez es algo de lo que sentir bochorno. Y ahí empiezan comportamientos que muchas veces no tienen sentido, como es el caso de sentir culpa o vergüenza por hacer topless en una piscina o en la playa. Y es que es muy fácil cambiar roles, porque yo creo que quien se debería sentir avergonzado es la persona que no te para de mirar si estás en tetas, no tú sentir culpa por estar «molestando» a alguien con tu presencia. Si siente vergüenza seguramente sea por su herida, no por la tuya, y tenemos que dejar de gestionar emociones ajenas.

Aunque también es cierto que te daría menos vergüenza o culpa cuanto más grande y lejano fuera el sitio donde hicieras ese topless, porque la culpa y la empatía van de la mano. Una investigación de la Universidad La Trobe demuestra que sentimos más culpa o vergüenza cuando las personas que se ven afectadas son más importantes para nosotros. Cuando no conoces a nadie te sueltas mucho más que cuando hay gente que conoces, cuya opinión te importa y que sientes que puede juzgarte o reprocharte.

Y para concluir, un dato curioso: normalmente es más fácil deshacernos de los sentimientos de culpa que de los de vergüenza. Eso es porque en la sociedad en la que vivimos existen muchos métodos para no sentir culpa: pedir perdón, pagar una multa, confesarte o hacerte el camino de Santiago..., pero, sin embargo, la vergüenza nos suele perseguir mucho más tiempo.

NOTA MENTAL

«Es más fácil criticar que crear, por eso tienes que rodearte de gente que cree y no que critique, es así de sencillo». NATHAN MUHVOLD

LA CREATIVIDAD

De la vergüenza y la culpa quiero pasar a hablarte de la creatividad. ¿Qué tendrá que ver? Creo que más de lo que te imaginas. Porque la creatividad es la cruz de la misma moneda, es atreverse, es ampliar la zona de confort liberándose de culpas y vergüenza.

¿Dónde está la creatividad en el cerebro? ¿Somos creativos por naturaleza? ¿Cómo podemos ejercitar la creatividad? ¿Y recuperarla cuando la hemos perdido?

Teniendo en cuenta que es muy difícil definir y medir la creatividad en el cerebro, se han hecho varios estudios científicos de acuerdo con las diferentes teorías sobre ella: pensamiento divergente, lateral (*outside de box*)... Por la complejidad y subjetividad de la creatividad, la neuróloga Mónica Kurtis indica que para medirla se usaron técnicas complejas como el FMRI (resonancia magnética funcional), que mide el flujo sanguíneo del cerebro (donde más flujo hay significa que se está usando más esa área del cerebro) y la técnica PET (Tomografía por Emisión de Positrones) que mide la glucosa del cerebro (cuanta más glucosa haya significa que hay más actividad). Mediante estas se determinó que la zona del cerebro que más se iluminaba en todos los tipos de creatividad (verbal, visoespacial, musical...) era la zona prefrontal medial del cerebro.

Como he mencionado ya en otros capítulos, es importante entender que el cerebro no funciona por bloques y, que la zona prefrontal se ilumine en mayor cantidad, no quiere decir que otras áreas del cerebro no estén trabajando, sino que las redes neuronales están transmitiendo mejor la información. Pero aquí viene lo curioso: la zona prefrontal está íntimamente ligada a la zona prefrontal lateral y las funciones de esta área, en su mayoría, son filtrar las ideas y decidir si esas ideas son buenas o no, y ¡atención!, porque esta también es la parte que tiene más que ver con las reglas y marcos sociales, con el ámbito cultural, con los contextos externos. Es decir, los miedos sociales que tenemos de ser aceptados en sociedad, de cómo tenemos que actuar, qué se espera de ti... En cierta manera la zona prefrontal lateral da valor a la creatividad porque pone la idea en contexto, y el contexto es clave, ¡¡¡pero también puede generar inseguridad y anular esa idea cortando nuestra creatividad!!! Y es que, si te das cuenta, muchas cosas no las haces por el miedo a qué dirán.

Por ello, la principal forma de ser más creativos es profundizar más en nuestros procesos neuronales probando cosas nuevas, perdiendo el miedo. Amplía tu zona de confort y te sorprenderá ver todo aquello de lo que eres capaz y te sentías incapaz. Monica Kurtis da una serie de tips que nos pueden ayudar a ello:

1. **Captar toda la información sensorial:** prestar atención a todo lo que vemos, lo que tocamos, lo que olemos, lo que escuchamos para poder captar todo lo que el universo nos está ofreciendo.

2. **Salir de la rutina:** ya no solo viajar, sino hablar con personas que no conoces bien, leer más, atreverte a hacer cosas que hasta ahora te has negado por miedo al fracaso, peinarte con la mano no dominante, intentar aprender nuevos idiomas, cambiar la ruta hacia el trabajo.

3. **Conectar con tus emociones:** no nos han enseñado a gestionar las emociones, y es fundamental para tener mayor control sobre nuestras decisiones.

4. **Darnos tiempo:** debemos darnos tiempo para saber gestionar esas emociones, no podemos pretender

entenderlas de la noche a la mañana, y menos cuando no les hemos prestado la atención suficiente hasta ahora. Conoce tus sensaciones de amor, de ira, de tristeza...

5. Estar aquí, ahora, presentes: sé más animal y menos persona. ¿Esto qué quiere decir? Simplemente que no te preocupes tanto de lo que va a pasar en el futuro o de lo que ha pasado en el pasado y preocúpate más de lo que está pasando ahora, que es lo importante.

6. Darle la vuelta a la tortilla: y es que a veces nos torturamos sin sentido. No pienses: *llevo sin grabar o escribir dos meses y tengo que hacer un vídeo, qué presión...,* no. Piensa: *Y si me pongo delante del ordenador o la cámara, empiezo a escribir o hablar, a ver qué pasa.*

7. Hacer *zoom out*: muchas veces nos centramos en un problema y no conseguimos ver más allá, tenemos que alejarnos del problema, extrapolarlo, verlo desde fuera. Somos animales sociales, así que contamos con la ayuda de otras personas, su perspectiva puede ayudarte a encontrar una respuesta.

8. Hacer brainstorming: cuando dejas salir todas las ideas que tengas sin ningún tipo de filtro ni miedo, lo que estás haciendo es anular la zona prefrontal lateral, liberando dopamina.

9. Ser más consciente de tu propio ser: esto es fundamental para aprender qué nos puede estar frenando y así trabajarlo y poder ser más creativos, eliminando nuestros miedos sociales y creando así

ideas nuevas. Ya hemos dicho que el mayor enemigo de la creatividad son los miedos. Descubre qué te frena.

10. **Crear una red neuronal de forma consciente:** es decir, unir todas las ideas anteriores, plantearse que la casualidad no existe y encontrar la relación entre aspectos o ideas que creemos que surgen de la nada. Asociar nuestras ideas.

⬡ CEREDATO ⬡

Precúneo o también conocido como *el ojo de la mente,* así se llama la zona del cerebro que los pintores y escultores tienen más desarrollada que el resto de los mortales. Teniendo en cuenta que el precúneo ha sido clave para la evolución cerebral de nuestra especie, los artistas consiguen ir una pincelada por delante. Esto les permite integrar la información cerebral interna con información ambiental (externa). Por ello también tienen mayor autoconciencia y pueden organizar mejor las relaciones espaciales, temporales y sociales centradas en su propio cuerpo.

Mientras veía el documental de *El cerebro creativo* de David Eagleman he sacado conclusiones muy interesantes. Si te paras a pensar un segundo, los animales apenas han cambiado sus costumbres en siglos, y, sin embargo, los humanos hemos transformado nuestro mundo ya varias veces. Quiero decir, un castor lleva haciendo su casa de la misma forma cientos de años, pero los humanos no paramos de reinventar la manera en la que hacemos las cosas todos los días. Sabes cuál es la causa, ¿no? La creatividad, por supuesto. Pero ¿en qué se diferencia nuestro cerebro de otros animales? Nuestro cerebro puede crear nuevas vías, hacer nuevas conexiones entre neuronas, podemos reflexionar sobre una idea y ¡considerar diferentes posibilidades! La expansión de nuestro cerebro durante la evolución nos dio la capacidad de ir más allá de nuestros instintos, de barajar varias opciones antes de decidir qué hacer. Y nos regaló la imaginación. La imaginación es la fuente básica de nuestra creatividad: tener el poder de imaginar algo que todavía no está en el mundo es una cualidad muy potente que estamos infravalorando. En este caso, la parte prefrontal del cerebro, que ya hemos mencionado previamente, consigue que imaginemos lo que no tenemos enfrente. Se podría decir que nos desconecta del lugar y momento presentes para viajar a otro sitio. Las imágenes, sonidos, olores..., se mezclan con recuerdos, pensamientos, emociones, nuevas y antiguas. Por lo tanto, todo este *nuevo material* es lo que usa el cerebro para crear.

No podría tener más razón el novelista Michael Chabon cuando afirmaba que *lo original ya no existe. Ser original no implica en cómo diferenciar tu obra, si no en cómo utilizar lo que otros autores han hecho y mirarlo desde nuestra única perspectiva personal para hacer algo diferente.*

El actor Tim Robbins dirige un taller de creatividad en la cárcel para ayudar a los presos a expresar sus emociones y afirma que hay mentes extraordinariamente creativas. *Después de lo que han vivido ofrecen una visión y una perspectiva que muy pocos podemos entender. La creatividad es esencial para ser feliz. Puede que esa tristeza o depresiones que siente mucha gente se deba a una falta de impulsos creativos.*

La creatividad consigue canalizar tus emociones, establecer conexiones con uno mismo. Parece todo ventajas. Entonces ¿por qué nos cuesta tanto ser creativos? Pues porque parte del aprendizaje proviene de la confusión, y para ser una persona creativa y salirte del camino establecido tienes que estar dispuesto a equivocarte y aceptarlo, o estar en lo cierto y soportar que todo el mundo te diga que estás equivocado. Como ya has leído ampliar tu zona de confort puede parecer arriesgado, pero es muy gratificante. Crear algo puede ser muy angustioso porque sufrimos el riesgo de fracasar, y por ello muchas veces el cerebro interfiere en el proceso creativo, para evitar el dolor del fracaso sin ni siquiera haberlo intentado. ¿Te suena de algo? Ahí está la corteza prefrontal lateral activando el juicio innecesario para no cometer ningún riesgo que nos excluya.

NOTA MENTAL

No tengas miedo al fracaso. El éxito de la mayoría de las personas viene de muchos intentos fracasados.

Walt Disney instauró en su empresa tres fases de creatividad:

1. Fase de los sueños: esta es la fase en la que todo es posible, en la que dejas volar tu imaginación todo lo

que quieras sin preocuparte de nada. Incluso Disney tenía un rincón para soñar, para que te pudieses rodear del sueño. Escribirlo, sentirlo, vivirlo...

2. Fase realista: una vez que hemos soñado ¿cómo podemos llegar hasta ahí? A esta fase la llamó IMAGINEERING = IMAGINACIÓN + INGENIERÍA ya que es necesario un proceso para llevar a cabo un sueño.

3. Fase Crítica: esta fase es la que lo mira todo y se plantea si falta algo, si la idea es suficientemente buena, si se puede llegar en tiempos... Es muy importante tener en cuenta que el crítico no debe ser destructivo. Es más, al crítico solo se le deja pasar si entra a soñar porque tenemos que aprender a ser las tres personas.

Estas tres fases deberían ser nuestro vademécum creativo, sin duda. ¿Cuál es el problema, entonces? Pues que la cultura y el contexto social nos presionan para que no seamos soñadores, sino simplemente realistas o críticos. Pero no debemos dejar de ser personas creativas, ya que la creatividad nos aporta herramientas para hacer sueños realidad y no simplemente soñar.

EL DÚO FANTÁSTICO:
ALEGRÍA Y FELICIDAD

> La esperanza no es la convicción de que algo saldrá bien, sino la certeza de que algo tiene sentido, salga como salga.

VACLAV HAVEL

Desde que tuve mi primera menstruación he sufrido reglas muy dolorosas e incapacitantes. Mi vida se paraliza una vez al mes. Cuando, después de tres horas descompuesta, sudando, con calambres por las piernas y sintiendo contracciones como si estuviese pariendo, el dolor se va, es ahí, en ese momento, cuando realmente aprecio la felicidad, la calma, la paz. No pido nada más que la ausencia de dolor.

Es fácil olvidarse de la felicidad cuando la estás experimentando. Cuando estás feliz no te sueles plantear cómo estarías sufriendo. ¿Qué sentido tendría eso? Si te fijas, este libro está basado en emociones que, de una manera u otra, nos hacen sentir incomodidad (el miedo, la culpa, la ansiedad...). Al principio pensé que escribir sobre la felicidad no tendría sentido porque, como dice Vetusta Morla en su canción *Fuego: ¿Quién quiere encontrarse si aún no se ha perdido? ¿Quién quiere curarse si aún no ha sido herido?* Pero, pensándolo bien, me parecía importante hablar de ello y centrar este capítulo en traer la felicidad al consciente o en aprender a encontrarla cuando la hemos perdido, y para ello es fundamental la calma, ya que el cerebro humano está programado para la supervivencia, y para poder encontrar la felicidad tiene que sentir que no está amenazado.

Pero primero creo que hay que empezar diferenciando dos conceptos que a menudo confundimos: la felicidad y la alegría. La primera está más relacionada con los logros personales, la paz interior y la tranquilidad que sentimos, y la segunda tiene un componente más social y está más relacionada con nuestra interacción con el resto.

He de reconocer que he paralizado este capítulo varias semanas porque no me encontraba bien anímicamente. Se puede decir que dejé de conectar con el *ahora* pensando en acelerar el futuro, y el presente me ha pasado por encima. Me parecía irónico escribir sobre la felicidad cuando estaba sumida en la tristeza, el miedo y la ansiedad. Eso no quiere decir que no *sea* una persona feliz. Ya hemos hablado en el capítulo de la tristeza del *ser* o *estar*. Que haya pasado una época más triste no implica que sea una persona infeliz o que todos los días esté triste. Por ejemplo, ayer quedé a cenar con mis amigos de la infancia (los míticos) y hoy he quedado con mi amigo Adriano, con su hermano Carlitos y con su hermana Silvia. Pues me he reído estos dos días más que en un mes y he vuelto a brillar durante un rato. Adri y yo nos conocemos desde antes de nacer, literalmente, porque su madre y mi madre chocaban barrigas, y nos hemos criado como hermanos. Ellos se han ido a un concierto y yo me he quedado en casa escribiendo estos párrafos, no sin antes bailar al son de Jungle (el grupo del concierto al que iban) delante del espejo, sintiéndome plena y agradecida de rodearme de gente con tanta luz. Y es que creo que una de las claves para encontrar la alegría es tener un vínculo de amistades o familia que te llenen el alma y te regalen litros de aire. Igual de importante que aprender a identificar aquellos estados o personas que te alejen de la calma, la alegría y la paz.

Parece que la ciencia respalda mi intuición, ya que el psicólogo Martin Seligman ha estudiado a lo largo de su carrera que algo que diferencia a una persona extremadamente feliz de alguien que no lo es no es que sea más religiosa, más trabajadora, más rica o más guapa, es que sea más social, que tenga vínculos de amistad, de amor y familiares sanos (coge este párrafo de excusa para escribir a tus vínculos y agradecerles que tu cerebro es más sano y feliz).

También hay un estudio de diez mil participantes en Reino Unido que ha tenido un seguimiento de veintiocho años y que revela que las personas entre sesenta y setenta años que están frecuentemente en contacto con amistades tienen un 12 % menos de probabilidad de tener demencia senil. El sentimiento de felicidad también le permite a una persona tener mayor flexibilidad a la hora de crear soluciones más innovadoras y creativas, y el neurocientífico Philippe Tobler y su equipo afirman de acuerdo con estudios que las personas generosas son más felices. Es curioso, porque Emily Falk y su equipo revelan que la parte de cerebro que más se activa cuando una idea o vídeo se hace viral es la misma, la unión temporoparietal (área relacionada con entender lo que sentimos y lo que piensan los demás): *Queríamos explorar qué diferencia las ideas que fracasan de las que se vuelven virales (...) Descubrimos que una mayor actividad en el TPJ se asociaba con una mayor capacidad para convencer a otros de que se unieran a sus ideas favoritas.*

Creo que con esta información ya tenemos claro que es importante tener gente sana a nuestro alrededor, pero no siempre es beneficioso, la socialización con personas equivocadas o tóxicas puede dejarte por los suelos. ¿Cómo se puede identificar que te están agotando la energía? Si empiezas a notar fatiga o cansancio habitual, si se te olvidan más cosas de las habituales, si te cuesta concentrarte..., quizá tu cerebro necesite un respiro, pero un respiro literal, porque esto significa que puede no estar oxigenando bien, cosa que es fundamental para garantizar que funcione correctamente. Para que te hagas una idea de lo importante que es, en un estado de reposo, el cerebro consume el 20 % del oxígeno total del cuerpo y cuando no recibe lo necesario lo vas a notar en tu manera de afrontar el día e incluso en tu estado de ánimo.

DEJA A TU CEREBRO RESPIRAR

Entonces, si es tan importante que el cerebro esté oxigenado para nuestro estado de ánimo, ¿qué podemos hacer para oxigenarlo y encontrar un estado de felicidad? Te doy algunas pistas:

La risa: ríete. Reírse tiene muchos beneficios. Es incluso una herramienta maravillosa para enfrentarnos a situaciones de alarma o estrés. Yo recuerdo que en la pandemia me reí muchísimo, sin frivolizar para nada la situación. También perdí a personas queridas, pero la manera en la que Chapo y yo encontramos alivio de toda la ansiedad que sentíamos fue a través de la risa. A veces bastaba una mirada y un gesto de *madre mía, lo que estamos viviendo* para romper a reír y no parar hasta que nos dolía la tripa. La risa es como un mecanismo de catarsis del cuerpo para liberar toda esa tensión acumulada. Cuando nos reímos nos entra el doble de aire en los pulmones, y eso oxigena nuestro organismo, lo que también permite mejorar nuestra memoria. Además, aumenta la autoestima y mejora tus relaciones sociales, ya que cuando te ríes mucho con una persona afianzas tu vínculo emocional y de confianza con ella, y potencias la empatía, lo que te hace más fácil perdonar, lo que a su vez promueve que consumas menos energía, ya que, como sabes, odiar nos cuesta mucha energía.

La risa es un mecanismo biológico, social y psicológico imprescindible para el ser humano. Como hemos dicho, tiene la función de conectarnos y expresar emociones que nos hacen sentir muy bien, pero también nos ayuda a anular o regular emociones que se nos pueden estar atascando por dentro, como la ansiedad, la angustia, la frustración, el enfado... Con ella podemos gestionar aquello que duele o preocupa sin quitarle la importancia que tiene (aunque a veces este mecanismo de defensa hace que la risa explote en los momentos más inadecuados, como en un funeral o en una reunión de trabajo donde te están echando la bronca).

CEREDATO

Un estudio realizado sobre cuáles son las situaciones en las que más nos reímos revela que solo en el 11 % de los casos lo hacemos por algo nuevo que no conocíamos previamente y que la gran parte de las veces nos reímos de algo ya conocido, pero que se nos presenta de una manera a la que no estamos acostumbrados, lo que sorprende a nuestro cerebro porque rompe patrones racionales, culturales, sociales o de educación. Los chistes que suelen ser más graciosos son los que provocan una especie de *cortocir-*

cuito neuronal, ya que la parte racional no es capaz de darle sentido a la información que recibe, y eso le encanta, entonces se autorrecompensa liberando dopamina. También al reír se liberan endorfinas, que funcionan como antiinflamatorios naturales producidos por nuestro cuerpo, nos ayudan a paliar el dolor y se rebaja la producción de cortisol (conocida como la hormona del estrés).

Dentro del cerebro, la información se analiza en el lóbulo parietal y se descifra en los lóbulos temporales. A continuación, se analiza el lenguaje en busca de recuerdos relacionados en el hipocampo, que es donde tenemos la memoria, para comparar esta nueva información con la que teníamos almacenada. Después continúa el procesamiento en nuestro sistema límbico, donde está la amígdala, que nos ayuda a procesar la emoción, y este es el momento crucial, donde, si nos han contado un chiste y nos parece bueno, nuestro cerebro libera dopamina, el neurotransmisor que genera esa sensación de bienestar, y, si por el contrario, no nos hace gracia, no se liberará y no sentiremos placer.

La naturaleza: otra manera maravillosa de oxigenar el cerebro es a través de la naturaleza. Para mí, conectar con ella siempre ha sido clave cuando siento que estoy perdiendo perspectiva. Cebar a los ojos con paisajes bellos, cansar el cuerpo y relajar y oxigenar la mente. Y la ciencia lo corrobora. La naturaleza tiene la capacidad de mejorar nuestro estado de ánimo, nuestra calidad de sueño y capacidad de concentración, y reducir el riesgo de ansiedad y depresión. Los investigadores del Instituto Max Planck realizaron en 2022 un novedoso estudio con la ayuda de imágenes de resonancia magnética funcional (con las que puedes ver la actividad del cerebro en vivo y en movimiento). Participaron sesenta y tres voluntarios adultos sanos que no conocían el motivo de la investigación y les pidieron que realizaran un ejercicio de memoria. Una vez que estaban dentro de la resonancia les hacían varias preguntas, algunas de ellas diseñadas para valorar el estrés social. Después dividieron a los participantes en dos grupos: a uno le tocaría caminar en la naturaleza y al otro, por la ciudad. A ambos grupos les hicieron la prueba de memoria y les midieron la activación cerebral (es decir, qué áreas tenían más activas) antes y después de la caminata. La gente que anduvo por la ciudad no tuvo cambios en la amígdala, pero el grupo que dio el paseo por el campo durante una hora sí que tuvo una disminución de actividad en ella. Esto llevó a los científicos a concluir que la naturaleza nos puede ayudar a recuperarnos de los efectos negativos del estrés. Pero, no es andar por andar, es pasar tiempo rodeados de naturaleza con luz del sol. Y es que la luz es importantísima para cuidar nuestro cerebro, porque nos ayuda a producir vitamina D, que es necesaria para el buen funcionamiento del cerebro y mejorar el estado de ánimo. De todas formas, aunque el grupo que anduvo por la ciudad no redujo la actividad de la amígdala, tampoco la aumentó a pesar del estrés o el tráfico, así que no te desanimes si no puedes irte cada fin de semana al campo. Sigue dando tus paseos cuando puedas, que mal no te hacen.

Cultiva la amabilidad y el agradecimiento: ¿Les has escrito ya a tus amistades, pareja o familia para agradecerles su existencia? Si no lo has hecho todavía te doy otro motivo. Como ya mencionamos en el capítulo de la ansiedad, el agradecimiento es una de las claves más importantes a la hora de encontrar la felicidad. Es una emoción social-moral importantísima a la hora de relacionarnos y cultivar nuestras relaciones, y tiene muchos más beneficios para tu cerebro de lo que te puedes imaginar. Si lo piensas, no agradeces ser feliz, como decía al principio del capítulo, la mayoría de las veces que alcanzamos este estado de calma no pensamos en cómo estaríamos si no lo tuviésemos. Hay muchas personas que tienen muchos recursos económicos para ser felices y no lo son porque siempre hay algo que sienten que les falta o que podría ser mejor. Sin embargo, hay personas que irradian felicidad con mucho menos porque agradecen y, por ende, son conscientes de todo aquello que les rodea.

— NOTA MENTAL —

No estás agradecido/a por ser feliz. Eres feliz por ser agradecido/a.

El psicólogo Robert Emmons, especializado en el estudio de la gratitud, afirma que esta tiene el poder de curar, energizar y cambiar vidas. Tan potente como esto. Cambiar el enfoque de nuestra mente y dejar de centrarnos en aquello que necesitamos o de lo que carecemos para comenzar a fijarnos en aquello que sí tenemos. Define la gratitud como la afirmación de que existen cosas buenas, beneficios. Esto no implica que nuestra vida sea perfecta, pero si la valoramos podemos encontrar esa luz.

─── MICROCUENTO ───

«La piedra».
La persona distraída tropezó con ella. La violenta la utilizó como proyectil. El emprendedor construyó con ella. El campesino cansado la utilizó como asiento. Para los niños fue un juguete. David mató a Goliat y Miguel Ángel sacó de ella la más bella escultura.

En todos los casos, la diferencia no estuvo en la piedra, sino en quién la usó. No existe piedra en tu camino que no puedas aprovechar para tu propio crecimiento.

ANÓNIMO

Según Emmons la persona agradecida es aquella persona que acepta tanto lo bueno como lo malo que le pasa en la vida como un regalo. Personalmente, tengo mis dudas ante estas afirmaciones, quizá por el miedo de caer en afirmaciones de psicología positiva tóxica. Si has sufrido un trauma grave en la infancia como un abuso infantil por parte del progenitor, por ejemplo, este evento ha cambiado por completo el rumbo de tu vida. Puede que te haya hecho una persona más madura, fuerte e independiente. Pero seguro que no querías ser fuerte e independiente, lo deseable es tener una infancia llena de amor e inocencia. Es cierto que el pasado no se puede cambiar, y aferrarte a ese dolor no te va a ayudar a evolucionar, hay que dejarlo marchar para que el pensamiento y la posible (y errónea) culpa que puedas sentir, se alejen. Pero creo que el tiempo no lo cura todo. El tiempo ayuda a darle perspectiva, es lo que haces con ese tiempo lo que marca la diferencia. Creo que, en el horrible ejemplo de los abusos, el agradecimiento en sí debería ser para la propia víctima, por la fuerza de voluntad a la hora de sanar, por la capacidad para evolucionar, por la fuerza empleada para abrir la herida y limpiarla. Como digo, esto es una opinión completamente personal. No he experimentado ningún trauma parecido, por lo que entiendo que quien sí lo haya vivido pueda discrepar porque hay matices y respuestas que solo tú te puedes dar. Lo que sí he hecho ha sido equivocarme y hacer daño a personas a las que quiero muchísimo, y es cierto que he aprendido de mis errores y estos me han ayudado a evolucionar hacia la persona que soy ahora, pero para llegar a este punto me he tenido que perdonar y abrazar, no exactamente agradecerme mi error, pero sí saber apreciar lo que he aprendido de ello.

Por si fuera poco lo que te cuento, la neurocientífica Raquel Marín explica que el agradecimiento activa mecanismos de refuerzo, recompensa y empatía en el cerebro, y que esto nos lleva a beneficiar nuestra autoestima y reducir nuestro estrés. Pero solo pasa cuando decidimos ser agradecidos, no vale obligar a agradecer con la típica frase «¿Qué se dice?». Está bien usarla para enseñar la importancia del agradecimiento desde edades tempranas, pero no tiene los mismos efectos en el cerebro que cuando lo hacemos de forma voluntaria y real.

Otra cosa cierta es que el ser humano tiende a ser más amable y agradecido con personas desconocidas, lo que realmente es una pena. Al final va a ser verdad eso de que la confianza da asco, ya que nos genera la sensación de dar por sentado que determinadas personas simplemente nos cuidarán y estarán a nuestro lado. Pero quizá no sea siempre así si no las cuidas tú también, por lo que ahora te invito a redactar una carta de agradecimiento. Aquí va la mía:

Gracias a ti, que has tenido la inquietud de conocerte, el valor de incomodarte, la constancia para seguir leyendo. Gracias, mamá, gracias, papá. Por confiar, por apoyarme. Por dejarme caer y enseñarme a levantarme. Por luchar conmigo. Por dejarme luchar sola. Por validar mis emociones y por identificar vuestros errores. Gracias por estar. Gracias, sister, por enseñarme a relativizar y a encontrar la calma en medio de la tormenta. Por enseñarme a caminar pasito a pasito. Gracias, Emmu, por abrir mi olla a presión, por gritar conmigo en medio del campo, por abrirme la puerta a tu maravilloso mundo interior y por prestarme a Cere de forma indefinida. Gracias, tía Mariate, por tu generosidad siempre. Gracias, tíos, por vuestro apoyo y tiempo a la hora de escucharme. Gracias, Rebe, por caminar juntas, por estar en nuestros mejores momentos, pero también en los más dolorosos, por ser mi amiga y mi hermana. Gracias, Noemí, por las sesiones de BDSM emocional, por romper prejuicios, por sostener mi sombra y potenciar mi luz. Gracias, Raúl, por enseñarme a soltar el control, a dejar de pensar tanto, a estar aquí y ahora y a conectar con mi cuerpo. Gracias, Lorelai, Andrea, Isa y Leti, porque lo afortunada que me siento de haber crecido con vosotras como amigas no lo cambio en ninguna vida. Gracias, míticos, por las risas. Por hacer que mi adolescencia me haga querer seguir siendo una niña. Gracias, Pica, por enseñarme paciencia: nunca es cómo se empieza, sino cómo se acaba. Gracias, Angie, por hacerme ver que una flecha, a veces, tiene que ir para atrás para coger impulso y llegar más lejos. Gracias, Adriano, por ser el hermano que nunca me ha faltado. Gracias, yayita Angelina, por apoyarme sin miedo al qué dirán. Gracias, yayita Rosi, porque hablar contigo sana el alma. Gracias, Chus, por ayudarme a definir mi imagen con tanto cariño. Gracias, Chapo, por enseñarme a querer bien. Gracias, Patrick, por abrirme los oídos a un maravilloso mundo musical. Gracias, Ali, por bailar conmigo en la pared. Gracias, Anne, por hacerme sentir válida y confiada. Gracias, Nacho por escuchar mis miedos con paciencia y cariño. Gracias, Maculem, porque la vida contigo siempre tiene más sentido. Gracias, primo, por confiar en mí y por enseñarme a posar con la mirada. Gracias, Isa, por ponerles imágenes a mis palabras. Gracias, Mónica, por la confianza ciega. Gracias a Agustín, Bea, Paula y Marcos, por el cariño y la flexibilidad. Agradecida de aprender a vuestro lado. Gracias a Isa, Pelayo, Moni y Rafa por escuchar mis miedos y aguantar una tremenda chapa en el proceso de creación del libro. Gracias por comprender que, aunque no te haya mencionado expresamente aquí, eres importante para mí.

Gracias por los litros de aire.

Ahora es el momento de que hagas tu carta. Aprovecha para hacer un recorrido por las personas que más hayan marcado tu vida y te hayan regalado algo, o enfócate en alguien en concreto, como te nazca.

Escucha a tu cuerpo: no sé si alguna vez has escuchado algo acerca de las enfermedades psicosomáticas. Son las que crean síntomas físicos, pero que están provocados por motivos psicológicos. Por ejemplo, te duele mucho la tripa, y no es porque hayas cogido un virus, sino porque estás en época de exámenes y necesitas aprobar para entrar en la carrera que quieres, así que somatizas el estrés de ese modo. Los síntomas físicos aparecen para ocultar la angustia emocional que podemos estar experimentando.

Conocer lo que lleva a tu cerebro a ese estado de calma que necesitamos para estar felices es clave para poder entrenarlo. Si, por ejemplo, estás durmiendo mal, escucha qué es lo que está pasando a tu alrededor porque quizá te estés imponiendo mucha presión. El insomnio a veces está relacionado con la dificultad para relajarse, el estrés y la ansiedad. Algo que nos ayudaría muchísimo sería aprender a no hacer nada y no sentirnos culpables por ello, porque es fundamental para encontrar el equilibrio entre el esfuerzo y el disfrute. No tenemos que ser personas productivas todo el rato. No tenemos que ser máquinas perfectas que no se cansan ni se equivocan.

De todas formas, no quiero que se me malinterprete, si algo te duele, consúltalo con un especialista. Porque, aunque el dolor pueda estar provocado por nuestro estado emocional, los síntomas físicos siguen siendo reales y necesitan ser tratados.

Practica algún tipo de meditación y deporte: ya hemos hablado de la meditación en el capítulo de la tristeza y en el de la ansiedad, por lo que tampoco quiero explayarme mucho más aquí. Simplemente quiero recordarte que es importante que aprendas a pasar tiempo a solas contigo. Encuentra tu manera de conectar con el *aquí* y el *ahora*. Ya puede ser una meditación guiada enfocada en la respiración o una meditación en movimiento (como hago yo con la escalada). La clave es que escuches y sientas tu cuerpo, y vayas aprendiendo poco a poco a focalizar la atención en aquello que quieras. Esta herramienta te será de muchísima ayuda cuando la emoción te esté atropellando para poder gestionarla y dirigirla.

Por otro lado, si necesitabas una señal para comenzar a hacer deporte, es esta. No volveré a repetir todos los beneficios que tiene para el cerebro, pero si no lo recuerdas vuelve al capítulo de la tristeza y verás por qué es tan necesario para potenciar nuestra felicidad.

NOTA MENTAL

No dejes que tu estado de ánimo decida si te mueves o no porque el movimiento cambia tu estado de ánimo.

Come sano: la glucosa es la principal fuente de alimento del cerebro, pero cuando le exponemos a una cantidad excesiva puede afectar de manera negativa en la capacidad que tenemos de controlarnos y de controlar nuestra memoria y nuestro estado de ánimo. Voy a ser un grinch del azúcar, así que si te gusta mucho quizá no quieras leer este párrafo. Yo tomo azúcar y creo que no hay que privarse de nada en la vida, pero con equilibrio y cabeza porque el consumo de azúcar produce cambios en el cerebro similares a los de la adicción. Cuando consumes azúcar, tus papilas gustativas envían una señal al cerebro para activar el sistema de recompensa liberando dopamina, que nos hace sentir muy bien, y nuestro cerebro entiende que eso es bueno para nosotros y nos va a pedir más y más. No creas que estoy siendo exagerada, lo he vivido en mis propias carnes. Hace un par de años dejé el azúcar de forma radical para un tratamiento y las primeras semanas tuve síndrome de abstinencia: me levantaba con sudores, vómitos, tenía mal humor, estaba más nerviosa, tenía temblores... No somos conscientes de lo dependientes que somos del azúcar hasta que no lo sacamos de nuestra vida. Lo mismo pasa con la comida rápida. No falla. Sales un día de fiesta y antes de dormir pasas por la típica tienda de porciones de pizza. O si no, al día siguiente tienes ganas de comer pasta o hamburguesa. Vamos, carbohidratos y grasas que te saben a gloria. Un estudio en la universidad de Chicago dice que la principal causa de ese deseo es la falta de sueño, porque cuando dormimos poco se activa en nuestro organismo *el sistema endocannabinoide (eCB), un componente clave de las vías hedónicas implicadas en la modulación del apetito y la ingesta de alimentos (la vía hedónica se asocia a la activación del sistema neuronal de recompensa como respuesta a un alimento con una alta palatabilidad, es decir, a alimentos que, independientemente de su valor nutricional, producen una sensación de placer.* Esto, aderezado con las pocas ganas que tienes de ponerte a cocinar, es la combinación perfecta para que acabes pidiendo comida a domicilio. Obviamente el alcohol también ayuda a que tengas ese deseo, porque deshidrata el cerebro (por eso es muy importante beber agua entre copa y copa, y también al llegar a casa). Cuando bebes alcohol pierdes minerales, azúcares, sal..., así que necesitas recuperar todos esos nutrientes de la manera más rápida posible. ¿Brócoli o pizza cuatro quesos? Hum, pues ahí tu cerebro no tiene muchas dudas. El médico experto en nutrición Manuel Viso explica que, para no tener tanta resaca, lo primero que tienes que hacer es no beber demasiado, obviamente, pero si lo primero falla, tienes que comer antes de beber. Como ves, lo de formar capa no es un mito. Y para ello hay que escoger siempre alimentos ricos en proteínas, fibra e hidratos, así que ya sabes, cómete el plato de pasta o lo que quieras, pero mejor antes que después.

Mi consejo es que bebas con cerebro, no para desconectarte de él, ya que tanto el consumo de alcohol de forma habitual como el consumo de comida rápida son factores de riesgo para desarrollar problemas de salud mental. Bebe agua y, a la hora de comer, no te prives de nada, pero ten una dieta equilibrada. El intestino cuenta con más de doscientos millones de neuronas, así que es un cerebro en las entrañas que, de alguna manera, también toma decisiones. Cuídalo.

Mejora tu diálogo interno: algo muy importante a la hora de mantener un estado de calma es la manera que tenemos de hablarnos, de motivarnos, de evaluarnos. Hay estudios que investigan la relación entre el estado de ánimo y la manera que tenemos de hablarnos.

—————— ◯ **CEREDATO** ◯ ——————

Según Edgar Morin, la pérdida del habla interna después de una lesión cerebral, tal vez a través de su influencia en la autonarración que típicamente acompaña a la experiencia cotidiana, puede conducir a la disminución del sentido de uno mismo.

Aquí van algunos tips que te pueden ayudar a la hora de mejorar la manera que tenemos de hablarnos.

1. **Habla en segunda persona:** cuando hacemos algo mal solemos hablar en primera persona. *He metido la pata, si hago esto seguro que hago el ridículo, todo me va a salir mal, soy un desastre...* En estos casos intenta hablarte en segunda persona para ganar perspectiva. La frase mítica de «así no le hablarías a tu mejor amigo» tiene mucho sentido aquí. Intenta cambiar la forma de verbalizarlo: *Has fallado, pero por lo menos lo estás intentando; no eres torpe, te falta práctica.*

2. **Haz *zoom out*:** si nos enfocamos en el problema no vamos a ser capaces de ver la foto completa y entender por qué sucede. Por ejemplo, imagina una fruta, una granada. Y ahora empieza a ampliar el foco y verás que está colgada de una rama. Aléjate un poquito más y serás capaz de apreciar que esa rama está conectada a un tronco. Haz un poquito más de

zoom out y tendrás una visión del resto de las ramas y hojas. Si miras hacia arriba, verás que hay un montón más de granadas colgadas del árbol. Incluso, si miras abajo tienes algunas en el suelo listas para ser comidas. Y así sucesivamente. Cuando tenemos un problema muchas veces solo vemos *la granada a punto de explotar.* Tenemos que intentar alejarnos para ver el árbol completo. De esta manera podemos aprender a relativizar sin quitarle al problema la importancia que tiene.

NOTA MENTAL

La vida a corto plazo puede ser un drama, pero a largo plazo es una comedia.

---

3. **Dite cosas positivas:** sin caer en la psicología positiva tóxica, decirnos cosas positivas a modo de refuerzo genera alivio, reduce el estrés y aumenta la positividad. *Raquel, hoy estás estupenda. Juan, lo estás haciendo increíble. Pedro, vaya máquina eres.* Algo que me parece curioso es que está bien aceptado por la sociedad decir aquellas cosas que no se nos dan bien, pero no nos atrevemos a decir en alto aquello que se nos da bien por no pecar de prepotentes. Creo que tenemos que quitarnos ese complejo y con humildad reconocer aquello que se nos da bien. A mí se me da bien comunicar y sintetizar

información. Consigo reducir información comple-
ja y que resulte sencillo comprenderla. Ale, ya lo he
dicho. Te toca:

_____

_____

_____

4. Charla empática: generamos pensamientos e ideas
de manera tan automática que apenas somos conscientes de cómo modelan nuestro estado de ánimo.
En la medida de lo posible, hay que tomar plena
conciencia de todo lo que habita, pasa y ocupa nuestro universo mental. Mi psicólogo Antonio me decía
que tenía que *cazar pensamientos*. Se refería a esos
pensamientos que muchas veces pasan desapercibidos por nuestra mente porque no queremos escu-
charlos conscientemente, pero nuestro subconsciente nos lo pone en bandeja para ir preparándonos.
*¿Cómo sería mi vida sin ella?; ¿y si realmente no le
quiero?; este trabajo me está ahogando; aunque mi
familia no me apoye debería seguir pintando, no se
me da nada mal.* Escucha a tus pensamientos y deja
de juzgar tanto todo lo que haces (esto también me
lo estoy diciendo a mí en alto).

Baila y escucha música: no podía acabar este capítulo ni
este libro sin hablar de la música. Si lo pienso, los momentos
más alegres de mi vida siempre van acompañados de alguna
canción o terminan bailando. Mi abuelo, siempre con su gui-
tarra, me decía *hija, tu canta y baila, que cantar alegra el*

alma, y creo que no le faltaba razón. La música activa las mismas zonas cerebrales que la comida y el sexo. No es de extrañar que ya solo por eso queramos escucharla, ¿no crees? Siempre me ha gustado definirla como un canalizador de emociones que nos ayuda a transitar por la tristeza, pero también a motivarnos en la alegría, a gestionar la ira, a relajarnos en la ansiedad o a calmar el miedo. Pero ¿por qué hay canciones que nos hacen sentir profundamente tristes y otras nos llenan de euforia? No me cansaré de repetirlo: nuestros oídos escuchan, pero es el cerebro quien interpreta esa información. Stefan Koelsch, profesor de psicología de la música, explica que esto es debido a que las señales acústicas que nuestros oídos recogen y envían al cerebro se codifican en fracciones de segundo. Por ello, el cerebro involucra a las emociones para que consigan transformar el sonido en algo comprensible. Pero es que la música va dos notas más allá, ya que da igual la cultura ni si entendemos o no la letra de la canción, somos capaces de deducir si una pieza suena alegre, triste, o transmite ira debido a las tonalidades utilizadas. Por ejemplo, en música triste se emplean acordes menores, tempo más lento...

En general, la música provoca una liberación de dopamina, que ya sabes que es un neurotransmisor implicado en la motivación, el placer y el deseo y, por tanto, en conductas como el sueño, la alimentación, el sexo, el estado de ánimo, el aprendizaje, las conductas motoras... Desde luego no todas las canciones provocan la misma cantidad de esta hormona, no es lo mismo escuchar nuestra canción favorita que una canción que no nos guste. Cuando estamos tristes y ponemos una canción lenta, que es la música que solemos escuchar cuando nos encontramos más plof, se liberará menos dopamina, pero la justa para hacernos sentir mejor. El cerebro es listo y te pedirá lo que necesite escuchar para liberar la cantidad que necesite. Pero es que lo fantástico de la música no es solo que nos haga pasar momentos memorables, sino que ayuda a la gente a vivir su día a día de una manera más sencilla. La musicoterapia se practica con gente con depresión, estrés postraumático, gente que ha sufrido abusos, para ayudar a expresar sentimientos, potenciar la memoria, como terapia con personas con alzhéimer... Todo esto porque la asociación sonido-emoción es muy fuerte y hace que entendamos las situaciones en las que estamos, permitiéndonos reaccionar acordes al contexto.

La música también activa las áreas del cerebro que se encargan de la imitación y la empatía. Son las zonas donde están las neuronas espejo, que actúan reflejando las acciones e intenciones de los otros como si fueran propias. Eso nos permite compartir sentimientos. Incluso los niños con autismo son propensos a componer música porque les resulta más fácil comunicarse. Se considera la memoria musical independiente de otros sistemas de memoria, por ello, personas con alzhéimer pueden recordar una canción que hace años que no escuchan. En el año 2015, Jacobsen y Cols estudiaron a treinta y dos pacientes con resonancia magnética funcional y les pusieron música desconocida, música que habían escuchado hace muy poquito tiempo y música que conocían a la perfección, y se pudo confirmar que las áreas que codifican esta memoria musical de canciones que conocemos bien son las menos afectadas en el proceso patológico del alzhéimer.

El neurocientífico Sacks en su libro *Musicofília* dice: *escuchar una música conocida actúa como una especie de mnemotecnia proustiana, revive emociones y asociaciones olvidadas desde hace mucho tiempo, lo que permite a los pacientes acceder a estados de ánimo y recuerdos, pensamientos y mundos que parecían haberse perdido del todo.* Es decir, según Sacks, los pacientes pueden estimular, aunque solo sea durante el tiempo que dura la música, ese *yo* que sobrevive en alguna parte de sus cerebros.

Y es que la música está implícita en nuestra vida desde que nacemos. Somos de forma innata, como bien dice Koelsh, criaturas musicales por naturaleza. Cuando nacemos no entendemos el significado de las palabras, pero los bebés de tan solo tres días ya pueden reaccionar ante estímulos musicales. Es un aspecto importante del lenguaje, ya que la música no solo transmite emociones, sino que también transmite información semántica a través de las palabras. Depende de lo rápido, lento, alto o bajo que hablemos, de la entonación que utilicemos, daremos a entender una cosa u otra. Es la musicalidad de nuestro discurso. No es lo mismo decir *qué bien lo has hecho* con entonación dulce que con entonación agresiva. Cuando no entiendes las palabras, la entonación es la clave. Haz la prueba con tu perro, si le dices: *ay, pero si es que eres el perro más horrible del universo* con una voz dulce, va a mover el rabito e irá corriendo a que lo acaricies, pero si por el contrario le dices con un tono enfadado: *eres el perro más impresionante de la tierra, te regalo mi alma* seguramente meta el rabo entre las piernas pensando que ha hecho algo malo.

—————————— ◯ **CEREDATO** ◯ ——————————

El cerebro humano se diferencia del de otras especies por su capacidad de crear. En todas las culturas, desde hace cientos de años, las personas se han expresado cantando, esculpiendo, escribiendo, pintando... Un estudio realizado por investigadores del Instituto Max Planck de Alemania dice que los músicos que tocan con otros músicos sincronizan la actividad de sus ondas cerebrales. Y es que escuchar música involucra casi todas las áreas del cerebro a la vez. La diferencia entre escuchar música y tocarla es que esto último implica habilidades motoras para controlar los dos hemisferios del cerebro. También se combinan la precisión lingüística y la matemática, en las que el hemisferio izquierdo está más desarrollado, con el contenido creativo y nuevo que el hemisferio derecho genera. Esto ayuda a los músicos a resolver problemas de forma más rápida y creativa.

Es importante aclarar que la música se procesa por ambos hemisferios. El hemisferio derecho recibe el estímulo musical y el izquierdo interpreta y controla la ejecución. En el estudio *El Cerebro y la Música* de la Doctora Barquero hay un detalle especialmente curioso. Los intérpretes de canciones populares con componente pasional (el flamenco, por ejemplo) suelen aprender a cantar oyendo a sus mayores, sin haber estudiado música nunca. Su capacidad de transmitir afectividad es incluso más alta que la de los músicos escolarizados. Esto es gracias a su mayor utilización del hemisferio derecho a la hora de componer o cantar. Al contrario que los músicos escolarizados, que utilizan componentes más analíticos con participación del hemisferio izquierdo para realizar esas funciones.

Aun así, la comprensión de la música requiere tanto componentes analíticos como emocionales, por lo que existe una actividad bihemisférica, es decir, en la que cooperan ambos hemisferios. Entonces, ¿qué tiene de especial el cerebro de los músicos? El profesor Gottfried Schlaug, experto alemán en el tema, estudió a quince músicos profesionales y quince personas sin experiencia musical. Utilizó un escáner de resonancia magnética, que hemos dicho antes que nos permite ver el cerebro en vivo y en movimiento mientras se realiza una acción, y su descubrimiento fue definitivo: los músicos tenían más materia gris que los demás.

La materia gris contiene neuronas interconectadas (somas y dendritas) que recubren la superficie irregular de los hemisferios, es decir, la corteza cerebral. Y es en la corteza cerebral donde ocurre la percepción, la imaginación, el juicio, el pensamiento y la decisión. Otro dato revelador fue el que aportó Margaret Seleme de Guevara en su estudio sobre los efectos de la

música en el cerebro, ya que comprobó que el
cuerpo calloso, que es el puente que une ambos
hemisferios para que la información pase de un
lado a otro, era más grande en músicos adultos.
La Sociedad de Neurociencia encontró que varias áreas del cerebro, como la corteza motora
primaria y el cerebelo, que están involucrados
con el movimiento y la coordinación, también
son más grandes en músicos adultos que en no
músicos.

Sentimos la música con nuestro cuerpo. Lo sabemos porque
se acelera el corazón y la media de nuestro pulso se sincroni-
za con la música que estemos oyendo. Y también la sentimos
con nuestras emociones, ya que nos ayuda a llorar, a reír, a
liberar nuestra mente y nuestro cuerpo. Gracias a su gran conexión con las emociones nos hace más libres y conscientes
de aquello que sentimos.

Espero que este capítulo te haya llevado a un estado de
calma, o que, si no, por lo menos te quedes con algunas herramientas para trabajarlo. Si estás pasando un mal momento,
abraza tu dolor. Si estás en un momento de felicidad, gózatelo
y comparte porque como dice el Shotta: *la felicidad, si ya la
tienes compártela, si no, no vale nada.*

X.

BDSM EMOCIONAL

No pidas la verdad si no quieres escucharla.

¿Qué es el BDSM emocional?, puedes estar preguntándote. Empecemos por el principio. BDSM son las siglas de: Bondage, Disciplina o Dominación, Sumisión o Sadismo y Masoquismo. Por si alguien no lo sabe, estas son prácticas eróticas no convencionales que se basan en lo que, de primeras, podemos considerar como doloroso y, por tanto, malo. Pero el placer y el dolor van de la mano en nuestra biología más de lo que puedes imaginar. Cada vez que sentimos dolor, nuestro sistema nervioso libera endorfinas para bloquearlo generando un efecto analgésico similar a los opiáceos, que nos provoca una sensación de *gustirrinín*. Cuando realizamos una actividad que provoca dolor (ejercicio intenso, que te azoten, comer picante...) nuestro cerebro, que tonto no es, produce sus propios narcóticos.

De todas formas, no creas que somos masoquistas sin control. No todo el dolor es agradable. Los humanos tenemos la maravillosa capacidad de distinguir entre dolor tolerable y dolor insoportable. Otros animales, cuando experimentan algo negativo, lo evitan para siempre.

Y ahora que ya sabemos un poco de qué va el BDSM, ¿por qué emocional? El título de este capítulo va dedicado a mi querida Noemí Casquet, amiga cósmica con la que la vida me ha cruzado y con la que hago sesiones de BDSM emocionales muy intensas. Es decir, siempre con consentimiento y respeto, nos decimos lo que necesitamos escuchar, aunque sean verdades que incomodan. A veces duele, pero esto nos ayuda a quitarnos la venda de los ojos y a darnos cuenta de verdades que no siempre somos capaces de ver. Como me dijo ella:

A veces algo que nos resulta placentero es doloroso, y viceversa. Aunque desde fuera el BDSM se pueda ver como algo punitivo, se realiza con mucho cuidado, respeto y hay mucho placer en ello. El BDSM emocional va por ahí también: aunque desde fuera podamos ver el dolor que produce sumergirnos en emociones que nos incomodan, al final nos hace soltar esa tensión y encontrar el placer de volver a conectar contigo.

De todas formas, me parece importante diferenciar entre *BDSM emocional* y *sincericidio*. Esta segunda palabra no está recogida en el diccionario, pero se ha empezado a usar porque es un comportamiento habitual de la sociedad usar la sinceridad sin límites ni responsabilidad afectiva. Se lanza todo a la cara, incluso si lo que dices hiere a la otra persona. Vamos, que dan igual los sentimientos de la otra persona con tal de desahogarse. Metafóricamente hablando podemos decir que *matamos usando la verdad, aunque no nos la hayan pedido.* Y en eso se diferencia del BDSM emocional, porque en este invento nuestro es muy importante el consentimiento y el respeto. No nos creamos nunca portavoces de la verdad absoluta, porque esta es muy subjetiva.

He decidido llamar así a este capítulo porque en él me gustaría hablarte claro y sin tiritas sobre cómo todos los desequilibrios emocionales que hemos aprendido nos afectan en nuestras relaciones humanas y nos hacen caer en modelos nada sanos. Aunque me centro más en relaciones de pareja, esto se puede extrapolar a relaciones de amistad, trabajo o familiares. Cualquier empresario de éxito te puede decir que el mayor problema que tiene en su empresa son las personas, porque somos maravillosamente complicadas cuando nos relacionamos. Si hay partes del capítulo con las que te identificas, no las ignores, aunque te incomoden. Presta atención a lo que tus emociones te están queriendo decir.

RELACIONES SANAS (O NO TANTO)

Me sorprende y entristece cómo en TikTok cada vez es más frecuente ver vídeos sobre *desbloquear el teléfono de tu pareja sin que se dé cuenta, trucos para saber con quién está hablando más* y vídeos tendencia que compiten para ver cuál de las dos partes es más tóxica. Que el miedo y los celos todavía representen los cánones de amor romántico del siglo XXI sigue demostrando que como sociedad todavía no hemos aprendido (porque nadie nos ha enseñado) a gestionar las emociones incómodas, y, en vez de entender de dónde provienen, nos conformamos con pensar que nuestra media naranja llegará a completar nuestro zumo, que *sin ti no soy nada, una gota de lluvia mojando tu cara,* que decía Amaral, o que el príncipe azul te salvará de la tristeza, te procurará la felicidad eterna y comeréis perdices.

Vamos a darle la vuelta la tortilla, porque de lo que deberíamos sentir orgullo es de tener conversaciones incómodas para mantener relaciones sanas, de entender cuáles son nuestros miedos, de gestionar y aprender a sostener cuando la otra persona nos necesite y de no regalarle tu capacidad de ser feliz a nadie. Por eso, si tienes pareja, este sencillo ejercicio es para ti. Si no tienes pareja también, puede ayudarte a establecer objetivos o límites en un futuro. La dinámica es muy sencilla: pon una x en aquellas afirmaciones que te representen y consideres importantes para ti. No tengas miedo de contestar con sinceridad.

☐ Cuando la otra persona sale de fiesta, confías en ella.

☐ No tienes necesidad de revisar sus mensajes o su historial del teléfono.

☐ No te da vergüenza presentar a tu pareja en sociedad (que os vean de la mano, darle un beso...).

☐ Cuando lloras en su presencia te da el apoyo que necesitas (ya sea físico o verbal).

☐ Aunque a ti no te vaya tan bien, te alegras de sus éxitos.

☐ Aprendéis cosas nuevas.

☐ Os reís.

☐ Aunque hagáis planes en pareja, seguís haciendo planes por separado sin que eso sea un drama.

☐ Os admiráis mutuamente.

☐ Te sientes mejor persona a su lado.

☐ Entiendes cuando tu pareja necesita su espacio a solas y se lo das.

☐ Puedes hablar con sinceridad, aunque haya cosas que duela decir o escuchar.

☐ Os escucháis activamente cuando habláis.

Puedes pensar que estos son básicos de una relación y que los cumples todos, o puede que haya varios puntos que tengas que trabajar de forma individual para poder mejorar tu relación en pareja. De todas formas, si no has marcado alguna x, quiero que te grabes esto a fuego: tener un comportamiento considerado como tóxico no te convierte en una persona tóxica. Es probable que casi todo el mundo haya tenido comportamientos tóxicos alguna vez en su vida y eso no les convierte en personas tóxicas. No es cuestión de no fallar nunca, es cuestión de darse cuenta del error para aprender de él y actuar en consecuencia. Pero a veces no tenemos los recursos para hacerlo. Algo que he aprendido en terapia es que *haces lo que puedes con los recursos que tienes*. Y esto no te exime de las consecuencias de tus actos, pero sí te ayuda a liberarte de la culpa que se engancha a ti como un recién nacido a la teta de su madre y no la suelta.

Al igual que a veces nos enganchamos a relaciones que sabemos que están destinadas al fracaso, pero nos autoconvencemos de que es mejor malo conocido que bueno por conocer y lo disfrazamos de un *es que cuando los momentos son buenos son muy buenos*. Por eso planteo la siguiente pregunta: ¿Por qué es tan difícil dejarlo con una persona, aunque sepas que no te conviene?

DEJARLO CON SALUD O MORIR EN EL INTENTO

Normalmente, cuando lo dejamos con nuestra pareja suele ser porque la relación está tan ahogada que ya no duele ni dejarlo o porque la otra parte ha hecho algo realmente imperdonable para ti y te ayudas de la ira para dar ese paso que no te atrevías.

Si lo piensas, en realidad es muy difícil dejar a alguien cuando todo va bien, es decir, cuando no ha pasado nada malo y sabes que sigues queriendo a esa persona, pero ya no como pareja. Esa decisión es realmente complicada. Y es ahí donde tienes dos opciones: estirar el chicle hasta que se rompa solo o tirar del amor y del amor propio (aunque duela) para desapegarte de ese vínculo.

Sabemos que el cerebro intenta ahorrar energía todo lo que puede, así que cuando te plantees dar el paso, te va a recordar todo lo bueno que tiene esa persona para no tener que afrontar el enorme gasto energético que conlleva comenzar de nuevo, pero, créeme, merece la pena. Aprender a querer bien a veces implica dejar ir a una persona, por mucho que nos guste tenerla en nuestra vida, respetar el contacto cero que seguramente necesite y darle la opción de volver cuando esta esté preparada. Puede que vuelva a los meses o al cabo de los años. O puede que no vuelva nunca, pero si tú realmente quieres a una persona tienes que asumir el riesgo y dejar que escoja libremente si puede o no estar en tu vida sin ser tu pareja. Debes entender que tu cerebro aquí está valorando muchos riesgos, por eso la mayoría de las personas escogen estirar el chicle o, como lo llama mi madre, *reventar la situación* y que tus actos te vayan conduciendo al fin sin tener ningún control (consciente) sobre ello. Por ejemplo: hablarle mal a esa persona, pasar menos tiempo juntos, empezar a buscar fuera lo que no encuentras dentro..., hasta que sea la otra parte la que decida alejarse de ti (normalmente de mala manera). La pregunta que te hago es: esto podría considerarse un comportamiento tóxico, ¿no?

Una relación tóxica es un vínculo perjudicial para ambas partes, pero, como decía mi abuelo: *dos no discuten si uno no quiere*. Así que, obviamente, en una relación tóxica hay mínimo dos personas involucradas. Habitualmente una persona manipuladora y fría y otra persona más sensible, vulnerable y dispuesta a asumir la culpa.

Hice un ejercicio en mi cuenta de Instagram donde os preguntaba sobre situaciones y relaciones tóxicas que habíais vivido. Agradezco de nuevo a toda la gente que se involucró, porque recibí muchísimas historias que seguramente no fueron fáciles de escribir, pero gracias a ellas hoy podéis leer los siguientes párrafos que quizá ayuden a alguien que se encuentre en una situación tóxica. Lo primero que hay que destacar es que el 95 % de las personas que me contestaron hablaban en pasado, es decir, habían vivido una relación tóxica, pero consiguieron salir de ella. El 5 % restante se estaban dando cuenta en ese momento de que estaban inmersos en ella. A continuación, podréis leer las situaciones más repetidas. Las he dividido en las categorías de tipos de relaciones tóxicas que enuncia la psicóloga Brenda Paulina López:

— Actitud posesiva y controladora mediante la invasión de la privacidad: Si me quieres no tienes nada que ocultarme, ¿no? Revisarte el móvil. Pedirte las contraseñas de tus redes sociales. Instalar la geolocalización para saber dónde estás en cada momento. Llamarte varias veces cuando estás con tus amistades para que no pases tiempo de calidad con ellos y se terminen alejando de ti. Necesitar que contestes inmediatamente cuando te escribe.

— Inducción de culpa: se pone enferma cada vez que vas a quedar con tus amistades. Justifica su mal carácter a posteriori (*bebé, no te quería gritar, pero me has puesto muy nerviosa porque sabes que no me gusta que quedes tanto con tu hermano, yo te necesito más que él*). Sus errores y frustraciones nunca son culpa suya (*Con todo lo que he hecho yo por ti. Si no me hubiese casado contigo sería un empresario de éxito*).

— **Excesiva independencia:** no te presenta en sociedad como su pareja. No conoces nada ni a nadie de
su vida. No te dice nunca que te quiere, o cuando te
lo dice es como premio. Compartir lo que hizo en su
día, decirte cuáles son sus planes, compartir sus sentimientos, significa perder su independencia. Eso te
puede llevar a querer dar más y más para que esa
persona no se vaya, pero sentir que nunca es suficiente.

— **Invalidar tus emociones:** no dejar que llores o irse
cuando lo haces. No escuchar tus problemas o me-
nospreciarlos. Reírse de cosas que para ti son importantes. Imitarte en modo burla cuando estáis discutiendo. Decirte que un día eres el amor de su vida y
que, al día siguiente, parezca que ni os conocéis.
Dejarte en ridículo delante de la gente. Minimizar
sus reacciones violentas y hacerte creer que no estás
bien, que lo estás exagerando (esto es el gaslighting,
que más adelante te cuento con detalle).

— **Menosprecio y denigración:** hacerte sentir inseguridad por tu aspecto físico. No dejar que te pongas
ciertas prendas. Criticar tu forma de vestir. Señalar
aspectos físicos sobre los que te sientes insegura o
inseguro. No dejar que la persona entrene (para que
no se vea bien física y psicológicamente y no atraiga
a otras personas). Hacerte comer sin hambre para
que no atraigas a otras personas. Reprocharte e intentar convencerte cuando no te apetece tener relaciones sexuales. Hacerte creer que tus deseos o necesidades son estúpidos.

— Te uso porque me toca: tenerte de chofer para todo. No ayudarte nunca, pero luego escaquearse cuando le pides ayuda. Usar una amabilidad extrema cuando quiere algo.

— Intimidación y control mediante el mal carácter. No hagas que me enfade, que ya sabes cómo me pongo. Tú eres quién provocas que yo te grite o que actúe de cierta manera (con violencia verbal o física) por quedar con tus amigas o ir a bailar y divertirte sin mí. Enfadarse si hablas con cierta persona que te ha dicho que no quiero que hables. Enfadarse si no estás de acuerdo él o ella. Bloquearte en redes durante unos días para que aprendas la lección.

───────○ CEREDATO ○───────

En el capítulo 6 ya hemos hablado sobre cómo el rechazo activa áreas en el cerebro relacionadas con el dolor físico. *La ley del hielo* es un tipo de violencia psicológica que consiste en ignorar a la otra persona. Es decir, para tu cerebro el hecho de que te ignoren es parecido a cuando te dan un golpe. Como nunca sabes qué puede hacer que salte la liebre, terminas por sentir culpa y dejar de hacer muchos planes para no jugártela y que te castiguen. ¿Haces algo que no me gusta? Te castigo con mi silencio. Esta actitud consigue que intentes hablar con tu pareja como sea para arreglar el problema, aunque signifique

ceder ante sus peticiones aislándote del mundo o
incluso pedir perdón por algo que no consideras
malo. Es una manera clara de manipulación y
chantaje emocional a través del silencio.

Puede que hayas aplicado la ley del hielo con
alguien porque has querido llamar su atención o
porque no sabes cómo confrontar los problemas.
En ese caso, recuerda, tener un comportamiento
tóxico no te convierte en persona tóxica. Darte
cuenta del error y ponerle solución es la clave.
También lo es entender el sufrimiento que puedes
causar y la necesidad de aprender a pedir tu espacio para gestionar tus emociones sin olvidarte
de las emociones de quien tienes enfrente.

Quizá esta parte del capítulo te haya movido. Deja que te
atraviese la emoción. Si has vivido o estás viviendo alguna de
estas situaciones, has debido sufrir muchísimo. Abraza tu dolor y, si puedes, háblalo con alguien, seguro que te alivia, porque nadie merece ser tratado así. Pero sobre todo no te sientas
culpable, no hubieses aguantado tanto si no hubiera habido
nada bueno. Una relación tóxica no comienza con este tipo de
comportamientos, si no todo el mundo saldría corriendo.

DEPENDENCIA EMOCIONAL

¿Por qué tu cerebro no te protege? ¿Por qué permite que te
enganches a una relación tóxica?, te puedes estar preguntando. Hemos hablado ya de dependencia en los capítulos 6 y 7,
pero vamos a verla ahora en el contexto de este tipo de rela-

ciones dañinas. En una relación tóxica la dinámica es la del perro del hortelano: ni contigo ni sin ti.

Imagina que conoces a alguien que es increíble y que todo el rato te dice lo increíble que eres tú. Parece que has encontrado a tu media naranja. Compartís gustos, aficiones y todo es perfecto. Pero entonces, un día, de repente, deja de contestarte a los mensajes y te tiras 48 horas sin saber nada. Después de esos dos días de angustia pensando en todo lo que has podido hacer mal para que te deje de hablar, vuelve a hablarte como si nada hubiese pasado. Te dice que ha estado muy liado o liada con el trabajo, todo vuelve a ser el país de las maravillas y vuelves a ser su prioridad número uno. Tú eres una persona muy comprensiva que entiende que es importante que se haya centrado en su trabajo, así que lo dejas pasar. Seguís la relación y todo va perfecto, pero tenéis una discusión y te deja de hablar durante cuatro horas, te ignora o, por el contrario, te grita más de la cuenta, depende de cómo le parezca ese día. Pero luego se le pasa y todo vuelve a ser ideal. Estás recibiendo lo que se dice *una de cal y otra de arena* o lo que en psicología se denomina *refuerzo intermitente*. Como explica la psicóloga Marta Novoa, especialista en relaciones de pareja, en su libro *Que sea amor del bueno: sabemos que el momento agradable va a volver y nos quedamos enganchados esperando a que vuelva, porque tenemos la certeza de que al final siempre vuelve. Esos momentos de subidón son tan agradables que nos olvidamos de los bajones.*

El psicólogo Frederic Skinner hizo un experimento con ratones para estudiar la dependencia emocional. Los ratones estaban en una jaula con una palanca y se plantearon tres escenarios:

Escenario 1: cada vez que presionaban la palanca salía comida.

El ratón, cada vez que tenía hambre, presionaba la palanca tan contento.

Escenario 2: cuando presionaba la palanca no salía nada.

Al cabo del tiempo, el ratón se olvidaba de la palanca porque sabía que de ahí no iba a salir nada.

Escenario 3: la comida sale de forma aleatoria. A veces sí, a veces no.

En este caso, el ratón se obsesionaba presionando el botón cada poco rato, aunque no saliese nada. Se olvidaba incluso de asearse, dormir, comer o cualquier otra cosa que no fuese estar pendiente de presionar esa palanca para probar suerte.

Lo que tienen en común el escenario 1 y el 2 es que se trata de un refuerzo continuado: o siempre hay comida o nunca la hay. Pero en el escenario 3 a veces hay, a veces no. Según la bióloga Lorena Cuendias, eso es el refuerzo intermitente, *una recompensa impredecible, aleatoria e inconsistente.* Es el mismo mecanismo que las máquinas tragaperras. Metes dinero y a veces te devuelve y otras solo traga (como en el ejemplo del capítulo 2). Y es que el refuerzo intermitente tiene mucho que ver con el circuito de recompensa del cerebro, que refuerza conductas para que sobrevivamos, como comer, beber, reproducirse, y que también se activa cuando recibimos señales de aprobación o validación externas. En el caso de una relación sería, por ejemplo, mediante preguntas como: *¿Crees que esto lo he hecho bien? ¿Me queda bien esta falda? ¿Debería estudiar ese curso? ¿Crees que se me daría bien?* Esta recompensa libera placer en nuestro cerebro. Pero ya sabes que el cerebro se acostumbra rápidamente a todo y, si siempre te da los buenos días por la mañana, tu cerebro cada vez se sorprende menos, lo que no implica nada malo, serías el ratón 1, feliz y tranquilo porque sabe que siempre sale comida. Lo tóxico viene cuando no sabes qué día va a darte los buenos días y cuándo te castigará con su silencio. Ahí es cuando te vuelves como la rata obsesiva esperando su bolita de comida.

Paz, tranquilidad, calma, son las emociones que deben estar más presentes en una relación, sea del tipo que sea. Este *ni contigo ni sin ti* hace que tengamos un desequilibrio hormonal y tengamos ansias (esa falta de tranquilidad de la que hablábamos) por conservar a nuestra pareja. La adicción a la droga, el tabaco o la heroína tiene el mismo mecanismo. La droga te da ese subidón en el momento y luego un bajón absoluto. Lo único que quieres es volver a esa luna de miel y, poco a poco, te vas enganchando a esas miguitas de pan que te regala de vez en cuando, pensando que es lo que te mereces.

NOTA MENTAL

No te mereces las migas, te mereces la pastelería entera.

CULPABILIZAR A LA VÍCTIMA ESTÁ PASADO DE MODA

No sé si habéis visto el documental *El timador de Tinder* en Netflix. Se trata de un personaje que estafó millones de euros enamorando y engañando a mujeres por aplicaciones de citas. Me sorprendió que la primera reacción de varias de las personas con las que hablé y que han visto el documental fuese: *no entiendo cómo se han podido dejar engañar, yo no sería tan tonta, eso les pasa por cazafortunas.*

En nuestra cultura tendemos a culpabilizar a la víctima en vez de al verdugo. Supongo que es una manera de reafirmar nuestra inteligencia e integridad pensar que *eso* no te pasaría a ti ni de broma. Pero es importante entender que la manipulación psicológica está mucho más presente de lo que pensamos en nuestro día a día, y caer o no en la trampa no implica que seas más o menos fuerte ni más o menos inteligente, quizá solo estés en un momento vulnerable de tu existencia y des con una persona con mucha habilidad para estafarte emocionalmente. Como me dijo mi amiga Luna, la manipulación psicológica te lleva a un territorio desconocido para sacar a tu cerebro de contexto y que no pueda reaccionar.

El timador de Tinder, Simon, es una persona que se dedica a estafar. Practica, entrena y ha aprendido todo tipo de estrategias. He diseccionado su método de caza para que entendamos cómo lo hace (alerta de spoiler): su primer paso era hacer trabajo de campo, iba en búsqueda de esa vulnerabilidad. Su principal misión era encontrar a personas que estuvieran buscando amor y compromiso, no sexo. Que fueran empáticas, amables, cariñosas, optimistas y con perfil de cuidadoras. Una vez hacía match, el segundo paso era generar

una base sólida de confianza, mostrarse como un tipo cariño-
so, empático, sensible, detallista, pendiente, cuidador. La primera cita era una buena manera de convencer a la víctima de
su éxito. Todo comienza, por tanto, con una estafa emocional.
Él analizaba cuáles eran los puntos débiles de su víctima para
reforzarla y luego usarlos en su contra. Y, por supuesto, el dinero nunca era un problema con él. Tenía un presupuesto
destinado para gastar con cada víctima. Para llevarlas a sitios
caros y hacer cosas impensables. Es decir, sacar su cerebro de
contexto haciéndoles vivir una vida de ensueño a sus víctimas.
Todo esto es muy sólido, porque tiene su éxito expuesto en
redes sociales, lo cual no te hace plantearte que sea una mentira. Más tarde llegaban los vínculos afectivos, el momento de
compartir. Hablar de comprar un apartamento, de casarse y
de tener hijos. En fin, de crear una vida juntos. Sin que se die-
ran cuenta, cuanto más les ofrecía esa persona, más les salía
a sus víctimas ofrecerle de vuelta. Una vez que estaban com-
prometidas emocionalmente con él (y recuerda que cuando
se activan los circuitos del amor romántico en el cerebro se
ralentizan las conexiones con la corteza prefrontal, que se encarga de justificar, planificar, organizar), es cuando empezaba
su verdadero juego: el efecto sopa de rana del que hablamos
en el primer capítulo. Las involucraba en el problema dicién-
doles que está cerrando un trato de millones de euros y tiene
enemigos, por lo que es un trato peligroso. Luego les contaba
que sus enemigos le estaban traqueando el móvil y las tarje-
tas, así que les pedía prestadas las suyas y empezaba a pagar
pequeñas facturas que iban aumentando en cantidad poco a
poco. Más tarde estos problemas se agravaban y él se lo hacía
saber a sus víctimas mostrándoles vídeos y audios de cómo

sus enemigos le perseguían, y concluía con que necesitaba dinero para huir porque estaba bajo peligro de muerte. Les pedía una cantidad más elevada, unos 30.000 dólares. Tenían que pedir un préstamo, ya no es una tontería. Ahí entra en juego el sistema de recompensa y aversión a la pérdida: tu cerebro comienza a pensar cosas como: *su vida está en juego y depende de mí* (te está culpabilizando de su posible muerte, nadie quiere eso) y *pedir un préstamo es algo arriesgado, pero él me lo va a devolver porque el dinero nunca ha sido un problema, lo ha estado demostrando constantemente*. Lo que está haciendo con esto tu cerebro es minimizar todas las desventajas de las que te pueda alertar el sistema de aversión a la pérdida y potenciar al máximo el sistema de recompensa. Pones en una balanza salvarle la vida o arriesgarte a prestarle un dinero que sabes a ciencia cierta que te va a devolver, así que pides el préstamo. Y, obviamente, ya has caído en la red, estás involucrada. Él te va a pedir más dinero porque su vida sigue en riesgo y estás sometida a que su vida dependa de ti. Recuerda que las víctimas eran cuidadoras y empáticas, así que para ellas lo material siempre estará por debajo de lo emocional.

Aparte, Simon parece tener el perfil de una persona narcisista. La persona narcisista refleja una admiración exagerada hacia ella misma. La palabra viene de la mitología griega, donde Narciso, un bello joven, se enamoró de su reflejo al verlo en un lago. En realidad, creerse extraordinario es una manera de proteger y lidiar con su falta de autoestima. Así, como lo oyes. Es importante entender su contexto, ya que suelen venir de familias disfuncionales donde uno o ambos padres son también narcisistas y condicionan el afecto y cariño a la capacidad que tengan de divinizar su imagen. *Te quiero, pero solo cuando me haces sentir que soy el padre perfecto, en caso contrario, eres un estorbo para mí.* El hecho de no reconocer o apoyar los méritos del niño o la niña les genera la necesidad de ofrecer una imagen perfecta y distorsionada de sí mismos al mundo para que los demás los consideren relevantes, influyentes, válidos. De alguna manera podemos decir que el narcisista se hace, no nace. Quieren y necesitan validación, admiración y confort. Por eso buscan a personas muy empáticas, optimistas, cuidadoras y nada rencorosas. Y obviamente esto se ve reflejado en el cerebro.

Los estudios de resonancia magnética funcional (FMRI) muestran que, cuando los niños sufren a manos de un abusador narcisista, algunas regiones cruciales del cerebro se ven afectadas, como el hipocampo (fundamental para el aprendizaje y desarrollo de recuerdos) y la amígdala (que se encarga del proceso de gestión de emociones). Debido a que estas regiones son más pequeñas que en el promedio, el niño llegará a la edad adulta con falta de capacidad para manejar sus propias emociones, especialmente las de vergüenza y culpa. Una nueva investigación de la revista *Neuroscience* sobre el narcisismo patológico también encontró diferencias cerebrales específicas de las personas con esta condición. La investigación fue dirigida por Yu Mao y se hizo a 176 estudiantes universitarios. El narcisismo patológico estaba asociado con la reducción del grosor y volumen de la corteza prefrontal dorsolateral, la cual juega un rol importante en el control ejecutivo del cerebro (planificación, razonamiento, flexibilidad, toma de decisiones...). Estos cambios en las estructuras cerebrales influyen en el comportamiento de las personas narcisistas, pero los daños causados durante su crianza también son relevantes. ¿Se puede justificar entonces su comportamiento? Personalmente, no lo creo. Podemos entenderlo y alejarnos, pero no dejar que nadie nos trate así justificándolo y pensando: *Pobre, no es culpa suya.* Entiendo que no podemos decidir cómo juegan con nuestra mente en la infancia, pero tenemos la capacidad de cambiar una vez que nos damos cuenta, aunque el proceso sea doloroso porque implique abrir heridas. Y este es un reto muy difícil para alguien que ya se considera perfecto, ¿no crees?

TÉCNICAS DE MANIPULACIÓN CON RESPONSABILIDAD AFECTIVA CERO

Para ir terminando con este BDSM emocional vamos a exponer algunas de las técnicas de manipulación más conocidas. Hay muchos libros que desarrollan estos conceptos, pero aquí me interesa que los tengas a mano para que puedas identificar un comportamiento tóxico al instante:

> Catfishing: es una estrategia en la que la persona te muestra una identidad falsa en internet, sobre todo en redes sociales o en apps para conocer gente, utiliza fotos de otras personas y una personalidad que te encante para seducirte y obtener algún tipo de beneficio, ya sea dinero, una confesión o fotos subidas de tono para luego poder chantajearte con ello.

> Gaslighting o luz de gas: está metáfora nació a raíz de la película *The Gaslight* de 1944, donde uno de los personajes, el marido, iba cambiando la intensidad de las

luces de la casa mientras le hacía creer a su mujer que se le estaba yendo la cabeza y que las luces estaban como siempre. Es un tipo de violencia psicológica muy silenciosa y bastante peligrosa porque es difícil de identificar, y no solo se da en parejas, sino que también puede desarrollarse con la familia, las amistades o en el trabajo. Te suelen negar de forma rotunda y muy convincente hechos que sí han ocurrido para que comiences a dudar de tu percepción y cordura, y pierdas independencia. Suelen hacerte pensar que es culpa tuya si algo no funciona, o decirte cosas como *ya te he dicho mil veces que son imaginaciones tuyas, siempre con lo mismo, así te vas a cargar nuestra relación*. La luz de gas también se camufla en signos en cariño o protección como en afirmaciones del tipo: *creo que necesitas ayuda, esto nunca ha pasado, me estoy empezando a preocupar por ti*. Esto hace que la víctima se cuestione sus creencias, sus valores y la manera en la que percibe la realidad.

Ghosting o bomba de humo extrema: es la más común de todas. El corte de comunicación y sin explicaciones por parte de alguien a quien estás conociendo o que ya conoces y con quien todo parece ir bien. Es una sensación horrible porque sientes que no eres suficiente o que hay algo que falla en ti. Pero tú no eres el problema. El problema es que la otra persona tiene la responsabilidad afectiva de un pepino. Aunque te sientas fatal si te sucede, recuerda, no te mereces las migas, te mereces la pastelería completa.

Hoovering: proviene del término *hoover,* que significa aspiradora. Algunas personas, generalmente con patrones de personalidad narcisista, *aspiran* de vuelta a su vida a personas con las que mantuvieron algún tipo de relación en el pasado. Vamos, el caso del ex que un buen día te escribe para hacerte ver que sigue pensando en ti, pero sin decirlo explícitamente, y que hace que vuelvas a sentir una conexión emocional por esa persona, pero luego nunca llega a nada.

Benching y cushioning: benching viene de *bench* que significa *banco,* y significa dejar a una persona en el banquillo, es decir, dar esperanzas a una persona de que en algún momento existirá un vínculo amoroso sólido, pero con la única intención de tener a esa persona esperando, pendiente de ti. Suelen hacerlo personas que no gestionan bien la soledad y que tienen al otro a la espera por si no encuentran un vínculo con el que se sientan mejor. Luego está la variante del *cushioning,* que significa *almohadón* y que consiste en tener varias personas en la agenda con las que flirtear de vez en cuando y con el objetivo final de tenerlas pendientes por si la opción principal falla. Esto suele generar patrones de dependencia.

Breadcrumbing: *breadcrumb* significa *migas.* Ya sabes por dónde van los tiros, ¿no? Esta técnica consiste en echar migas para que sepas por dónde va el camino, pero al final, como en el cuento de Hansel y Gretel, esas migas llevan a una trampa mortal. Un buen ejemplo es cuando estás con un rollete o persona especial y de vez en cuando te envía pequeñas señales de atención y cariño, dando a entender que la relación avanza hacia algo más estable, peeeeero realmente esa persona no tiene ninguna intención real de tener nada serio ni construir nada contigo, sino que solo busca sentirse deseada para ensanchar su ego o cubrir un vacío emocional. Podemos identificar a estas personas porque cuando preguntas acerca del futuro suelen responder con un *vamos a dejarlo fluir* o un *tal vez*, y todo lo que implique ponerle nombre a la relación es un tema tabú, por lo que nunca sabes lo que puedes esperar de ellas.

Si has vivido alguna de estas situaciones, de nuevo, no te culpes, recuerda que hacemos lo que podemos con los recursos que tenemos. A veces no somos capaces de encontrar una solución por nuestra cuenta, sino que hace falta que un profesional te haga preguntas diferentes para que tú puedas llegar a conclusiones distintas. Aunque seas tú quién tiene las respuestas, quizá necesites que te guíen y te acompañen en el proceso. Por suerte, cada vez hay menos estigma de *quién va al psicólogo es que está loco*. El problema principal ahora es que ir al psicólogo es un lujo y es importante entender que sin salud mental no hay salud. Debería haber más plazas PIR para psicólogos en la sanidad pública y conseguir un servicio de calidad para todos.

No querer pedir ayuda hasta que no estás en el suelo y no ves la manera de levantarte es más habitual de lo que piensas. Es como ir al fisio, no vamos hasta que la tortícolis te impide mover el cuello. He de decir que una de las cosas que he aprendido en terapia es que, efectivamente, es bueno pedir ayuda y no sentirte menos válida por ello. Como decíamos en el capítulo 5, quien no te quiere en tu sombra, que no te busque en tu luz. Ojo, no creo que todo el mundo deba ir a terapia, lo que sí me parece importante es que, desde casa y desde los colegios, nos enseñen antes a gestionar e identificar nuestras emociones, porque, si fuera así, viviríamos de forma más consciente y realista, y aceptaríamos todas las emociones sin excepción, porque sabríamos que todas tienen una misión.

Ya que todavía no tenemos esa información tan generalizada, espero que con este libro te esté ayudando a tenerlo un poquito más claro.

UN BILLETE DE IDA A TU UNIVERSO MÁS CERCANO: EL CEREBRO

Qué irónico me parece que hace un año no sabía ni por dónde empezar este libro y sin saberlo lo hice por el final. El círculo se completa. Estos párrafos (algo modificados) fue lo primero que escribí cuando me enfrenté al vacío de la página en blanco. En la vida pasa algo parecido, nos enfrentamos a situaciones que a veces no comprendemos hasta que no llega el momento adecuado. Un querido amigo me preguntó: ¿Por qué te gusta tanto investigar lo que pasa en el cerebro? Sinceramente, creo que buscar respuestas y ponerles nombre a las cosas que nos pasan es una especie de calmante que me hace creer que las tengo bajo control. Conocer cómo funciona el cerebro, aunque sea a muy grandes rasgos, me da la sensación (muchas veces falsa) de que dirijo mi barco. Y, lo más importante y más gratificante es que, cuantas más preguntas me hago, más preguntas tengo. Supongo que a eso me dedico de forma innata, a buscar respuestas, aunque no todas las preguntas tienen la respuesta que esperamos, algunas no las queremos escuchar, otras nos alivian. Hay respuestas duras y respuestas fáciles, pero siempre hay respuesta, aunque en ese momento no la lleguemos a entender.

Este es un libro de posibles respuestas, pero sobre todo es un libro de preguntas. Espero que, llegados a este punto, haya conseguido que conozcas un poquito más sobre el funcionamiento del cerebro, nuestro universo más cercano, y podamos identificar qué emociones recorren nuestro cuerpo y nuestra mente intentando traerlas al consciente. Esto no quiere decir que hayamos llegado al nirvana y seamos capaces de cambiar nuestro estado emocional con un chasquido de dedos.

Mi objetivo al escribir este libro es que sientas esa inquietud por conocerte, por entender cómo funcionamos y cómo funciona nuestro alrededor. Aunque parezca que este libro termina aquí, tu viaje acaba de empezar. ¡A ceRebrar!

Aunque el cerebro no funciona por bloques, sino mediante la conexión entre las neuronas (y estas tienen diversas funciones), hay áreas del cerebro que se encargan de determinadas funciones en mayor medida que otras. A continuación podrás ver una infografía que muestra generalidades sobre la función cerebral. A tener en cuenta, como mencionan en el Manual MSD, que *aunque se atribuyen diversas funciones a cada área, la mayoría de estas actividades requieren la coordinación de múltiples áreas. Por ejemplo, el lóbulo occipital es clave para el procesamiento visual, pero partes de los lóbulos parietal, temporal y frontal también procesan estímulos visuales complejos.*

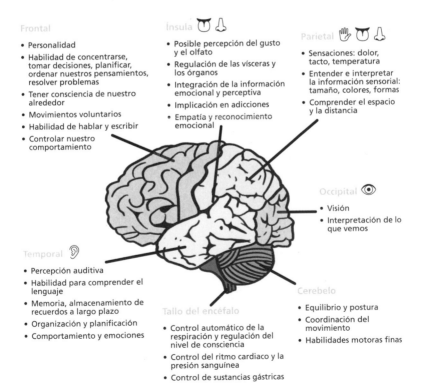

Frontal
- Personalidad
- Habilidad de concentrarse, tomar decisiones, planificar, ordenar nuestros pensamientos, resolver problemas
- Tener consciencia de nuestro alrededor
- Movimientos voluntarios
- Habilidad de hablar y escribir
- Controlar nuestro comportamiento

Ínsula
- Posible percepción del gusto y el olfato
- Regulación de las vísceras y los órganos
- Integración de la información emocional y perceptiva
- Implicación en adicciones
- Empatía y reconocimiento emocional

Parietal
- Sensaciones: dolor, tacto, temperatura
- Entender e interpretar la información sensorial: tamaño, colores, formas
- Comprender el espacio y la distancia

Occipital
- Visión
- Interpretación de lo que vemos

Temporal
- Percepción auditiva
- Habilidad para comprender el lenguaje
- Memoria, almacenamiento de recuerdos a largo plazo
- Organización y planificación
- Comportamiento y emociones

Tallo del encéfalo
- Control automático de la respiración y regulación del nivel de consciencia
- Control del ritmo cardiaco y la presión sanguínea
- Control de sustancias gástricas

Cerebelo
- Equilibrio y postura
- Coordinación del movimiento
- Habilidades motoras finas

BIBLIOGRAFÍA

Capítulo I

Barkley-Levenson, E.E.; Van Leijenhorst, L., & Galván, A., «Behavioral and neural correlates of loss aversion and risk avoidance in adolescents and adults», *Dev Cogn Neurosci*, 2013, 3, pp. 72-83.

Barrett, L. F., *La vida secreta del cerebro: Cómo se construyen las emociones*, Paidós, 2018.

Bechara, A., «The role of emotion in decision-making: evidence from neurological patients with orbitofrontal damage», *Brain and Cognition*, vol. 55, junio de 2004, pp. 30-40.

Blackwell, S. J.; Cunningham, L. W.; Freedman, A, M., & Warren, M. M., «Cosmetic surgery and criminal rehabilitation», *South Med*, septiembre de 1988.

Canessa, N.; Crespi, C.; Baud-Bovy, G.; Dodich, A.; Falini, A.; Antonellis, G., *et al.*, «Neural markers of loss aversion in resting-state brain activity», *Neuroimage*, 2017, 146, pp. 7-65.

Chandrasekhar Pammi, V.S.; Ruiz S., Lee, S.; Noussair, C.N., & Sitaram, R., «The effect of wealth shocks on loss aversion: behavior and neural correlates», *Front Neurosci*, 2017, 11, p. 237.

Damasio, A., *El error de Descartes*, Ed. Andrés Bello, 1996.

—, *La sensación de lo que ocurre: Cuerpo y emoción en la construcción de la conciencia,* Planeta, 2018.

—, *Sentir lo que sucede,* Ed. Andrés Bello, 2000.

Griesbauer, Eva-Maria; Manley, E.; Wiener, J., & Spiers, H., «London taxi drivers: A review of neurocognitive studies and an exploration of how they build their cognitive map of London» *Hippocampus,* diciembre de 2021.

https://salud.nih.gov/recursos-de-salud/nih-noticias-de-salud/cafeinado-o-cansado

https://www.institutosuperiordeneurociencias.org/la-neurona

https://www.thelawproject.com.au/insights/attractiveness-bias-in-the-legal-system

Huang, Y.; Jäncke, L.; Schlaug, G.; Staiger, J. F., & Steinmetz, H., «Increased corpus callosum size in musicians», *Neuropsychologia,* vol. 33, Agosto de 1995.

Kahneman, D.; Knetsch, J., & Thaler R., «The endowment effect, loss aversion, and status quo bias: anomalies», *J Econ Perspect,* 1991, 5, pp. 193-206.

Kanazawa, S., & Still, M. C., «Is there really a beauty premium or an ugliness penalty on earnings?», *Journal of Business and Psychology, 33*(2), 2018, pp. 249-262.

Thau, S.; Nault, K. A., & Pitesa, M., «The attractiveness advantage at work: A cross-disciplinary integrative review», Institutional Knowledge at Singapore Management University, octubre de 2020.

Capítulo II

Akbari M.; Seydavi M.; Palmieri, S.; Mansueto, G.; Caselli, G, & Spada, M. M., «Fear of missing out (FoMO) and internet use: A comprehensive systematic review and meta-analysis», *Journal of Behavioral Addictions*, diciembre de 2021.

Churches, O.; Nicholls, M.; Thiessen, M. & Kohler, M., «Emoticons in mind: An event-related potential study», *Social Neuroscience*, 9(2), enero de 2014.

Lee, H. Y.; Jamieson, J. P.; Reis, H. T. ; Beevers, C. G.; Josephs, R. A.; Mullarkey, M. C.; O'Brien, J. M. & Yeager, D. S., «Getting Fewer "Likes" Than Others on Social Media Elicits Emotional Distress Among Victimized Adolescents», *Child Development*, septiembre de 2020.

McLean, S. A.; Paxton, S. J.; Wertheim E.H., & Masters, J., «Photoshopping the selfie: Self photo editing and photo investment are associated with body dissatisfaction in adolescent girls», *Int J Eat Disord*, diciembre de 2015.

Sherman, L.; Payton, A. & Dapretto, M., «The Power of the Like in Adolescence: Effects of Peer Influence on Neural and Behavioral Responses to Social Media», *Psychological Science*, vol. 27, julio de 2016.

Capítulo III

Darwin, C., *La expresión de las emociones en los animales y en el hombre*, Alianza editorial, 1998.

Ekman, P., *El rostro de las emociones*, RBA Bolsillo, 2017.

«Entrevista a Paul Ekman», *Redes 373*, 15 de noviembre de 2005, en https://www.youtube.com/watch?v=8Qc8_iY7eOo

Feldman, L., *La vida secreta del cerebro*, Paidós, 2018, p. 35.

Goleman, D., *Inteligencia emocional*, Kairós, 1996.

https://cazoll.com/porque-nos-emocionamos-entrevista-a-paul-ekman/

https://psicologossepulvedayjoseluis.es/D/post/no-somos-necesa-riamente-esclavos-de-nuestras-emociones/

https://www.nidcd.nih.gov/es/espanol/como-oimos

https://www.ted.com/talks/lisa_feldman_barrett_you_aren_t_at_the_mercy_of_your_emotions_your_brain_creates_them? language=es

Mayer y Salovey, 1997 & Mayer, Caruso y Salovey, 2000a y 2000b.

Reeve, J., *Motivación y emoción*, Mcgraw-Hill, 2001, cap. 1.

Rimmele, U., Davachi, L., & Phelps, E. A. (2012). «Memory for time and place contributes to enhanced confidence in memories for emotional events». *Emotion, 12*(4), pp. 834-846.

Rizzolatti, G.; Fadiga, L.; Gallese, V., & Fogassi, L., «Premotor cortex and the recognition of motor actions», Cognitive Brain Research, vol. 3, marzo de 1996, pp. 131-141.

Capítulo IV

Acevedo, B. P.; Aron, A.; Fisher, H. E., & Brown, L. L., «Neural corre-lates of longterm intense romantic love», *Soc Cogn Affect Neu-rosci,* 2012 Feb;7(2):145-59.

Aragón, O. R.; Clark, M. S, & Bargh, J. A., «Dimorphous Expressions of Positive Emotion: Displays of Both Care and Aggression in Response to Cute Stimuli», *Psychol Sci,*26(3), marzo de 2015, pp. 259-273.

Botero Montoya M., & Ternera Boneth, D.M., *La influencia de los aromas en la percepción de los productos de cuidado personal: una exploración de los rasgos de personalidad y valor hedónico,* Colegio de Estudios Superiores de Administración - CESA, Bo-gotá, Colombia, 2023.

Earp BD, Wudarczyk OA, Foddy B, Savulescu J. «Addicted to love: What is love addiction and when should it be treated?», *Philos Psychiatr Psychol*, 24(1), marzo de 2017, pp.77-92.

Fisher, H., *Anatomía del amor*, Anagrama, 2007.

Fisher, H., «¿Qué ocurre en nuestro cerebro cuando nos enamoramos?», en https://www.youtube.com/watch?v=THyb-x0C350

Herz, R., «Smell, Your Least Appreciated Sense», TEDx Talks, en https://www.youtube.com/watch?v=lmGLsMER58g

https://efesalud.com/monogamia-esta-cerebro-programado-la-fidelidad/

https://medlineplus.gov/spanish/ency/article/003551.htm#:~:text=Los%20ant%C3%ADgenos%20leucocitarios%20humanos%20(HLA,las%20instrucciones%20de%20genes%20heredados

https://psicologiaymente.com/neurociencias/neurobiologia-amor-teoria-sistemas-cerebrales

https://psicologiaymente.com/psicologia/falacia-costo-hundido

https://www.academia.edu/42994392/Helen_Fisher_Por_qu%C3%A9_%C3%A9l_por_qu%C3%A9_ella

https://www.institutosuperiordeneurociencias.org/la-neurona

Kromer, J., Hummel, T., Pietrowski, D. *et al.* «Influence of HLA on human partnership and sexual satisfaction», Sci Rep 6, 32550, 2016.

Capítulo V

Arias, J. A.; Williams, C.; Raghvani, R.; Aghajani, M.; Baez, S.; Belzung, C.; Booij, L.; Busatto, G.; Chiarella, J.; Fu, C. HY.; Ibanez, A.; Liddell, B. J.; Lowe, L.; Penninx, B.W.J.H.; Rosa, P, & Kemp, A. H., «The neuroscience of sadness: A multidisciplinary synthesis and collaborative review», *Neuroscience & Biobehavioral Reviews*, vol. 111, abril de 2020, pp.199-228.

Bennet, E. L.; Diamond, M. C.; Krech, D., & Rosenzweig, M. R., «Chemical and Anatomical Plasticity of Brain», *Science*, 30 octubre de 1964, vol. 146, núm. 3644, pp. 610-619.

Díaz Loyo, A. L., Tesis *La función comunicativa del bostezo en Betta splendens*, Universidad Autónoma de Puebla, 2016.

Fernández Abascal, E. G., *Psicología de la emoción*, Editorial Universitaria Ramón Areces, 2010.

Goleman, D., *Inteligencia emocional*, Kairós, 1996. pp. 30-57.

Mihic, S. J., & Harris, R. A., «GABA and the GABAA receptor», *Alcohol Health Res World*, 1997; 21(2), pp. 127-131.

Motzkin, J. C.; Newman, J. P.; Kiehl, K. A, & Koenigs, M., «Reduced Prefrontal Connectivity in Psychopathy», *Journal of Neuroscience* 30, noviembre de 2011, 31 (48).

Pérez Nieto, M. A.; Redondo Delgado, M. M., & León, L., «Aproximaciones a la emoción de ira: de la conceptualización a la intervención psicológica», *Revista electrónica de motivación y emoción*, vol. 9, núm. 28, 1997.

Stearns, C. Z.; Sadness. In M. Lewis & J. M. Haviland (Eds.), *Handbook of emotions*, The Guilford Press, 1993, pp. 547-561.

Tamorri, S., *Neurociencias y deporte*, Paidotribo, 2004.

Vázquez Valverde, C., & Polaino Lorente, A., «"La indefensión aprendida" en el hombre», Estudios de psicología, 1982, número 11, pp.70-89.

VV.AA., *Neurociencia, deporte y educación*, Wanceulen, 2018.

Capítulo VI

Adolphs, R.; Trane,l D.; Damasio, H., & Damasio A., «Deterioro del reconocimiento de emociones en las expresiones faciales después de un daño bilateral a la amígdala humana», *Naturaleza*, 372(6507), 1994, p.669

Baxter M. G., & Croxson, P. L., «Facing the role of the amygdala in emotional information processing», PNAS, diciembre de 2012.

Bonal, D., *La música como medio de integración y trabajo solidario*, Ministerio de educación, Política social y Deporte de España, 2008.

Feinstein *et al.:* «The Human Amygdala and the Induction and Experience of Fear», Current Biology, 16 de diciembre de 2010.

Feinstein, J.S.; Adolfo, R.; Damasio, A., & Tranel, D.,«La amígdala humana y la inducción y experiencia del miedo», Curr Biol, enero de 2011, 11;21(1), pp. 34-38.

Feldman, L., *La vida secreta del cerebro*, Paidós, 2018.

Harris, C. R., «Una revisión de las diferencias sexuales en los celos sexuales, incluidos datos de autoinforme, respuestas psicofisiológicas, violencia interpersonal y celos mórbidos», *Pers Soc Psychol Rev* 7, pp. 102-128. PubMed, 2003.

https://anahuacqro.edu.mx/escuelacienciasdelasalud/wp-content/uploads/2021/09/11page-8-13.pdf

https://en.wikipedia.org/wiki/Tali_Sharot

https://lamenteesmaravillosa.com/corteza-prefrontal-partes-interesantes-cerebro/

https://lamenteesmaravillosa.com/la-amigdala-centinela-de-nuestras-emociones/

Kross, E.; Berman, M. G.; Mischel, W.; Smith, E. E., & Wager, T. D., «Social rejection shares somatosensory representations with physical pain», *Proc Natl Acad Sci USA*, abril de 2011 12;108(15):6270-5.

Labriola, K., *El libro de los celos,* Melusina, 2017.

LeDoux, J. E., «Emotion circuits in the brain», *Annu Rev Neurosci,* 2000c, pp. 129-130.

Maninger, N.; Mendoza, S. P.; Williams, D. R.; Mason, W. A.; Cherry, S. R.; Rowland, D. J.; Schaefer, T., & Bales, K. L., «Imaging, Behavior and Endocrine Analysis of "Jealousy" in a Monogamous Primate», *Front. Ecol. Evol.,* 19, octubre de 2017. Sec. Behavioral and Evolutionary Ecology, vol. 5.

Millgram, S., *Obediencia a la autoridad,* Capitan Swing, 2016.

Steimer, T., PhD*, *Dialogues Clin Neurosci.* «The biology of fear- and anxiety-related behaviors», septiembre de 2002, 4(3), pp. 231-249.

Woong Bin Kim & Jun-Hyeong Cho, «Encoding of contextual fear memory in hippocampal-amygdala circuit», *Nature Communications,* vol. 11, núm. 1382, 2020.

Zschiesche, Z., & Linke, R. P., «Immunohistochemical characterization of spontaneous amyloidosis in captive birds as AA-type, using monoclonal and polyclonal anti-AA antibodies against mammalian amyloid», *Acta Histochem,* 1989, 86(1), pp. 45-50.

Capítulo VII

Arrindell, W. A.; Oei, T.P.S.; Evans, L., & Van der Ende, J., «Agoraphobic, animal, death-injury-illness and social stimuli clusters as major elements in a four-dimensional taxonomy of self-rated fears: First-order level confirmatory evidence from an australian sample of anxiety disorder patients», *Advances in Behaviour Research and Therapy,* vol. 13, núm. 4, 1991, pp. 227-249.

Hervás, G., «Psicología positiva: una introducción», *Revista Interuniversitaria de Formación del Profesorado*, vol. 23, núm. 3, diciembre, 2009, pp. 23-41, Universidad de Zaragoza. https://aprendemosjuntos.bbva.com/especial/el-cerebro-nuestro-mejor-aliado-contra-el-estres-marian-rojas-estape/ https://neurologia.com/articulo/2021014 https://www.sites.google.com/a/isipedia.com/psicologia/primero/psicologia-de-la-emocion/07-la-ansiedad

King, A., «Neurobiology: Rise of resilience», *Nature* 531, S18-S19, 2016.

Luciano Devis, J. V., *Control de pensamientos y recuerdos intrusos*, Universitat de Valencia, 2007, pp. 20-22.

Mansukhani, A., «Dependencia emocional», TEDx Talks, en https://www.youtube.com/watch?v=zRj5M-MDzzo

Mansukhani, A., «Dependencias Interpersonales: Las Vinculaciones Patológicas. Conceptualización, diagnóstico y tratamiento». En: García AD y Cabello F, editores. *Actualizaciones en Sexología Clínica y Educativa*. Huelva: Universidad de Huelva, 2013, pp. 197-214.

Orth, U.; Erol, R. Y., & Luciano, E. C., «Development of self-esteem from age 4 to 94 years: A meta-analysis of longitudinal studies», *Psychological Bulletin, 144*(10), 2018, pp. 1045-1080.

SierraI, J. C.; Ortega, V., & Zubeidat, I., «Ansiedad, angustia y estrés: tres conceptos a diferenciar», *Rev. Mal-Estar Subj/ Fortaleza*, vol. 3, núm. 1, marzo de 2003.

Capítulo VIII

Acunzo, D. J.; Daniel M. L., Scott L., «Fairhall, Deep neural networks reveal topic-level representations of sentences in medial prefrontal cortex, lateral anterior temporal lobe, precuneus, and angular gyrus», *NeuroImage,* vol. 251, 1 mayo de 2022.

Alderson-Day, B., & Fernyhough, C., «Inner speech: Development, cognitive functions, phenomenology, and neurobiology», *Psychological Bulletin, 141*(5), 2015, pp. 931-965.

Averill, J.R., *Anger and Aggression: An Essay,* Springer, 1982.

Ernyhough, C., *Las voces interiores,* Obelisco, 2018.

https://journals.plos.org/plosone/article?id=10.1371/journal.pone.0003556

https://www.academia.edu/47762880/Manual_de_ejercicios_Sentirse_Bien_de_David_Burns

https://www.mundopsicologos.com/articulos/como-lidiar-con-un-hater-descubre-que-son-los-haters-y-su-significado-psicologico

https://www.nimh.nih.gov/health/publications/espanol/trastorno-de-ansiedad-social-mas-alla-de-la-simple-timidez

https://www.psychmechanics.com/psychology-of-haters/

https://www.ucm.es/otri/reaccion-cerebro-orgullo-verguenza

Kirsch, I., *How expectancies shapes experience,* American Psychological Association, 1999.

Muiño, L., «La verdadera cara del odio», *Muy Interesante,* núm. 434, julio de 2017, pp. 36 y 37.

Robbins, T., *45 Seconds of Laughter,* en https://www.youtube.com/watch?v=me5PgLeztWY

Sánchez-García, J.; Rodríguez, G.E.; Hernández-Gutiérrez, D., *et al.* «Neural dynamics of pride and shame in social context: an approach with event-related brain electrical potentials», *Brain Struct Funct* 226, 2021, pp. 1855-1869.

Singer, T., & Klimecki, O.M., «Empathy and compassion», *Curr Biol.,* septiembre de 2014, 22;24(18):R875-R878. doi: 10.1016/j.cub.2014.06.054. PMID: 25247366.

Sorokowski, P.; Kowal, M.; Zdybek, P.; & Oleszkiewicz, A., «¿Son psicópatas los que odian en línea? Predictores psicológicos del comportamiento de odio en línea», *Front Psychol*, 2020.11:553. doi: 10.3389/fpsyg.2020.00553

Souza, L. C.; Guimarães, H. C.; Teixeira, A. L.; Caramelli, P.; Levy, R.; Dubois, B., & Volle, E., «Frontal lobe neurology and the creative mind», *Front Psychol.*, 2014, 5, pp. 761.

Vygotski, L. S., Kozulin, A., & Abadía, P. T. Pensamiento y lenguaje, Paidós, 1995, pp. 95-115

Capítulo IX

Alderson-Day, B., & Fernyhough, C., «Habla interior: desarrollo, funciones cognitivas, fenomenología y neurobiología», *Boletín Psicológico*, 141 (5), 2015, pp. 931-965. https://doi.org/10.1037/bul0000021

Castellanos, N., «La microbiota en el cerebro»: https://shorturl.at/rIJS4

«El cerebro de los músicos», TEDEd, en https://youtu.be/tS1Kqi FKW7Q?si=syDNigb3YViwwMBn

Emmons, R., «What Good Is Gratitude?», en https://www.youtube.com/watch?v=aRV8AhCntXc

Erin, C.; Hanlon, E. C.; Tasali, E.; Leproult, R.; Stuhr, K. L.; Doncheck, E., De Wit H.; Hillard, C. J., & Van Cauter E., «Sleep Restriction Enhances the Daily Rhythm of Circulating Levels of Endocannabinoid 2-Arachidonoylglycerol», *Sleep*, vol. 39, núm. 3, marzo de 2016, pp. 653-664.

Hernández Ruiz de Eguilaz, M.; Martínez de Morentin Aldabe, B.; Almiron-Roig, E.; Pérez-Diez, S.; San Cristóbal Blanco, R.; Navas-Carretero, S., & Martínez, J. A., «Influencia multisensorial sobre la conducta alimentaria: ingesta hedónica», *Endocrinolgía, diabetes y nutrición*, vol. 65, núm. 2, pp. 114-125, febrero de 2018.

https://cadenaser.com/nacional/2023/01/11/los-beneficios-de-dar-las-gracias-puede-contribuir-a-reducir-el-efecto-de-enfermedades-neurodegenerativas-como-el-alzheimer-cadena-ser/

https://circle.adventistlearningcommunity.com/files/jae/sp/jae 2008sp272904.pdf

https://gipemblog.wordpress.com/2009/08/13/el-efecto-de-la-musica-en-nuestro-cerebro/

https://lamenteesmaravillosa.com/alimentos-que-aumentan-la-serotonina-y-la-dopamina/

https://lamenteesmaravillosa.com/por-que-a-veces-nos-reimos-en-momentos-inapropiados/

https://nirakara.com/blog/la-meditacion-budista-tibetana-modula-la-conexion-cerebro-corazon

https://www.dacer.org/el-azucar-y-su-efecto-negativo-en-el-cerebro/

https://www.hipocampo.org/originales/original0002.asp

https://www.nationalgeographic.com.es/ciencia/segundo-cerebro-revelando-logica-intestino_17413

https://www.nortehispana.com/blog/alimentos-aumentar-dopamina/

https://www.psychologicalscience.org/news/releases/how-the-brain-creates-the-buzz-that-helps-ideas-spread.html

https://www.redalyc.org/pdf/1941/194114419007.pdf

https://www.ted.com/talks/martin_seligman_the_new_era_of_positive_psychology/transcript?referrer=playlist-give_thanks& autoplay=true&subtitle=es minuto 07:08

«Investigating emotion with music», en https://doi.org/10.1196/annals.1360.034

Jiang, H.; He, B.; Guo, X.; Wang, X.; Guo, M.; Wang, Z.; Xue, T.; Li, H.; Xu, T.; Ye, S.; Suma, D.; Tong, S., & Cui, D., CBrain-Heart Interactions Underlying Traditional Tibetan Buddhist Meditation», *Cerebral Cortex*, vol. 30, núm. 2, febrero de 2020, pp. 439-450.

«La música como una herramienta terapéutica en medicina», en https://www.scielo.cl/scielo.php?pid=S0717-922720170004 00266&script=sci_arttext

Lederbogen, F., Kirsch, P., Haddad, L. *et al.*, «City living and urban upbringing affect neural social stress processing in humans», *Nature*, 474, 2011, pp. 498-501.

Oyarce Merino, K.; Valladares Vega, M.; Elizondo-Vega, R., & Obregón, A. M., «Conducta alimentaria en niños», *Nutr. Hosp.*, vol. 33, núm. 6, Madrid nov./dic. De 2016.

Park, S.; Kahnt, T.; Dogan, A. *et al.* «Un vínculo neuronal entre generosidad y felicidad», *Nat Comuna*, 8, 15964, 2017.

Sánchez, F.; Carvajal, F., & Saggiomo, C., «Autodiálogos y rendimiento académico en estudiantes universitarios», *Anales de Psicología / Annals of Psychology*, 32(1), 2016, pp. 139-147. https://doi.org/10.6018/analesps.32.1.188441

Scott, S.K.; Lavan, N.; Chen, S., & McGettigan, C., «The social life of laughter», *Trends Cogn Sci*, 18(12), pp. 618-620, diciembre de 2014. doi: 10.1016/j.tics.2014.09.002. Epub 2014 Oct 22. PMID: 25439499; PMCID: PMC4255480.

Sommerlad, A.; Sabia, S.; Singh-Manoux, A.; Lewis, G., & Livingston, G., «Association of social contact with dementia and cognition: 28-year follow-up of the Whitehall II cohort study», *PLOS Medicine*, 2019 16(8): e1002862. https://journals.plos.org/plosmedicine/article?id=10.1371/journal.pmed.1002862

Soria-Urios, G.; Duque, P., & Moreno, J., «Música y cerebro (II): evidencias cerebrales del entrenamiento musical», *Revista de Neurología*, 53, 739, 2011. 10.33588/rn.5312.2011475.

Sudimac, S.; Sale, V., & Kühn, S., «How nature nurtures: Amygdala activity decreases as the result of a one-hour walk in nature», *Mol Psychiatry*, 27, pp. 4446-4452, 2022.

Wild, B.; Rodden, F,A.; Grodd, W., & Ruch, W., «Neural correlates of laughter and humour», *Brain*, octubre de 2023, 126(Pt 10), pp. 2121-2138. doi: 10.1093/brain/awg226. Epub 2003 Aug 5. PMID: 12902310.

Capítulo X

El timador de Tinder. Netflix.

https://albiachpsicologos.es/psicologo-adultos-valencia/ley-del-hielo-que-es-causas-y-soluciones/gmx-niv43-con1006.htmhttps://lasagradabiblia.org/wp-content/uploads/2022/07/Ciencias-y-Conducta-Humana-B-F-Skinner.pdf (Página 178)

https://neurologia.com/articulo/2004254#:~:text=La%20corteza%20prefrontal%20dorsolateral%20permite,lo%20que%20denominamos%20funciones%20ejecutivas

https://www.medigraphic.com/cgi-bin/new/resumenI.cgi?IDARTICULO=100916

https://www.ryapsicologos.net/relaciones-toxicas/

https://www.sciencedirect.com/science/article/abs/pii/S0306452216300902

Allen, G.V.; Saper, C.B.; Hurley, K.M. & Cechetto, D.F. (1991), «Localization of visceral and limbic connections in the insular cortex of the rat», J Comp Neurol; 311: 1-16.

https://www.msdmanuals.com/es-es/professional/trastornos-neurol%C3%B3gicos/funci%C3%B3n-y-disfunci%C3%B3n-de-los-l%C3%B3bulos-cerebrales/generalidades-sobre-la-funci%C3%B3n-cerebral#v1033945_es

«Para viajar lejos no hay mejor nave que un libro».

EMILY DICKINSON

Gracias por tu lectura de este libro.

En **penguinlibros.club** encontrarás las mejores
recomendaciones de lectura.

Únete a nuestra comunidad y viaja con nosotros.

penguinlibros.club

Penguin
Random House
Grupo Editorial

penguinlibros